빛깔있는 책들 301-14

지리산

글/최화수●사진/김근원

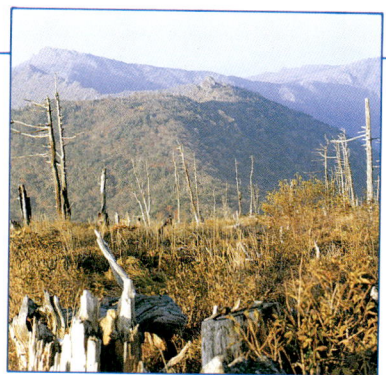

대원사

최화수(崔和秀)

경남 밀양 출생, 부산대 상대 경영학과 졸업. 1982년 '신동아' 논픽션공모 입상. 부산소설가협회, 부산문인협회 회원이며 현재 부산 국제신문기자로 있다. 저서로는 장편소설「오후가 길어지는 계절」, 산 에세이집「달 따러 가자」「나의 지리산 사랑과 고뇌」, 기타로「해강 김성곤」「최화수 문화기행」「우아한 그대」「양산박」「사랑의 랍소디」「지리산 365일」(1, 2, 3, 4권)「아버지의 목소리」,「부산문화 이면사」등 다수가 있다.

김근원

1922년 경남 진주에서 태어났으며 현재 한국산악회 회원, 대한스키협회 회원이며, 한국산악사진가회 고문으로 있다. 1956년 '울릉도, 독도보고전'을 비롯하여 '스키사진전' '한라산 하기등반보고전' '설악산기록전' '지리산동기등반보고전' 'The ALPS' '북한산전' '소백산전' '태백산맥전' 등 20여 차례의 사진전을 가졌으며 한국스키박물관에 스키 관계 사진 50여 점을 기증했다. 작품집으로는「명산」「한국의 산」「주기도문」등이 있다.

지리산

지리산

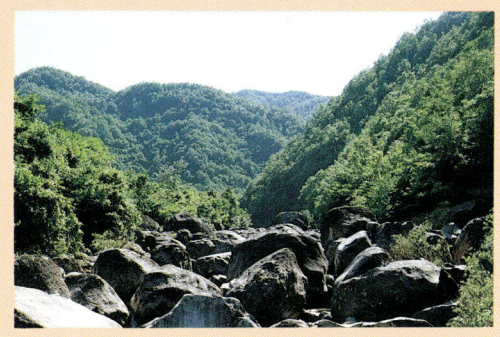

노고단에서 본 천왕봉 노고단 정상에서 보는 천왕봉은 다른 어느 곳에서 보는 것보다
사뭇 그 경관이 다르다. 길고 긴 능선을 겹겹으로 거느리면서 솟은 천왕봉의 용자가
매우 독특하게 시야에 들어오기 때문이다. 이곳 노고단에서 천왕봉까지는 넘어야
할 봉우리만도 20여 개가 넘는다.

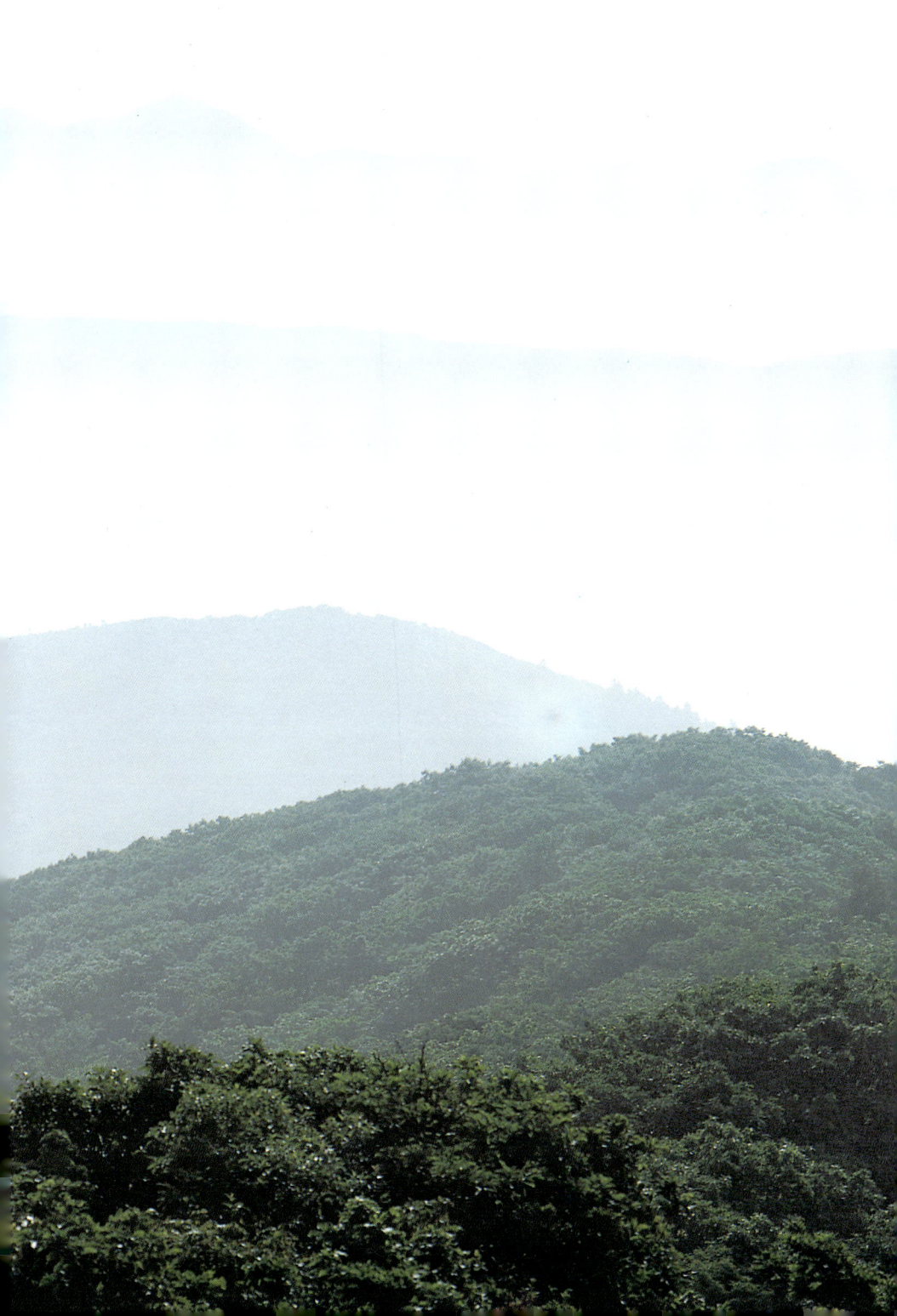

개관

사람의 산

1993년 1월 1일 지리산(智異山) 주봉인 천왕봉(天王峰)에는 하루 종일 '인간 피라미드'가 형성되었다. 거대한 암괴인 봉우리 전체는 물론, 주변 일대까지 한치의 틈도 남겨 놓지 않고 사람들로 뒤덮여 '자연의 산'이 아닌 '사람의 산'으로 자리했다.

새해 첫날을 남한 육지에서 가장 높은 해발 1,915미터의 높은 산정에서 맞이하기 위해서 이날 천왕봉에 오른 사람들은 무려 5,000여 명에 이르렀다. 사람들로 길이 막혀 이 봉우리에는 끝내 오르지 못하고 법계사(法界寺)나 장터목에서 발길을 돌린 사람들도 수천 명에 이르렀다.

한 해 동안 지리산을 찾는 사람은 300만 명쯤으로 집계되고 있다. 이 숫자는 국립공원 입장권을 구입한 사람들을 파악한 것으로, 실제로는 400만 명 이상이 지리산을 찾는 것으로 짐작되고 있다.

지리산은 이름 그대로 하나의 산이다. 그러나 산이라는 말로 부르기에는 그 덩치가 유별나게 크다. 이 산의 주봉인 천왕봉에서 서쪽

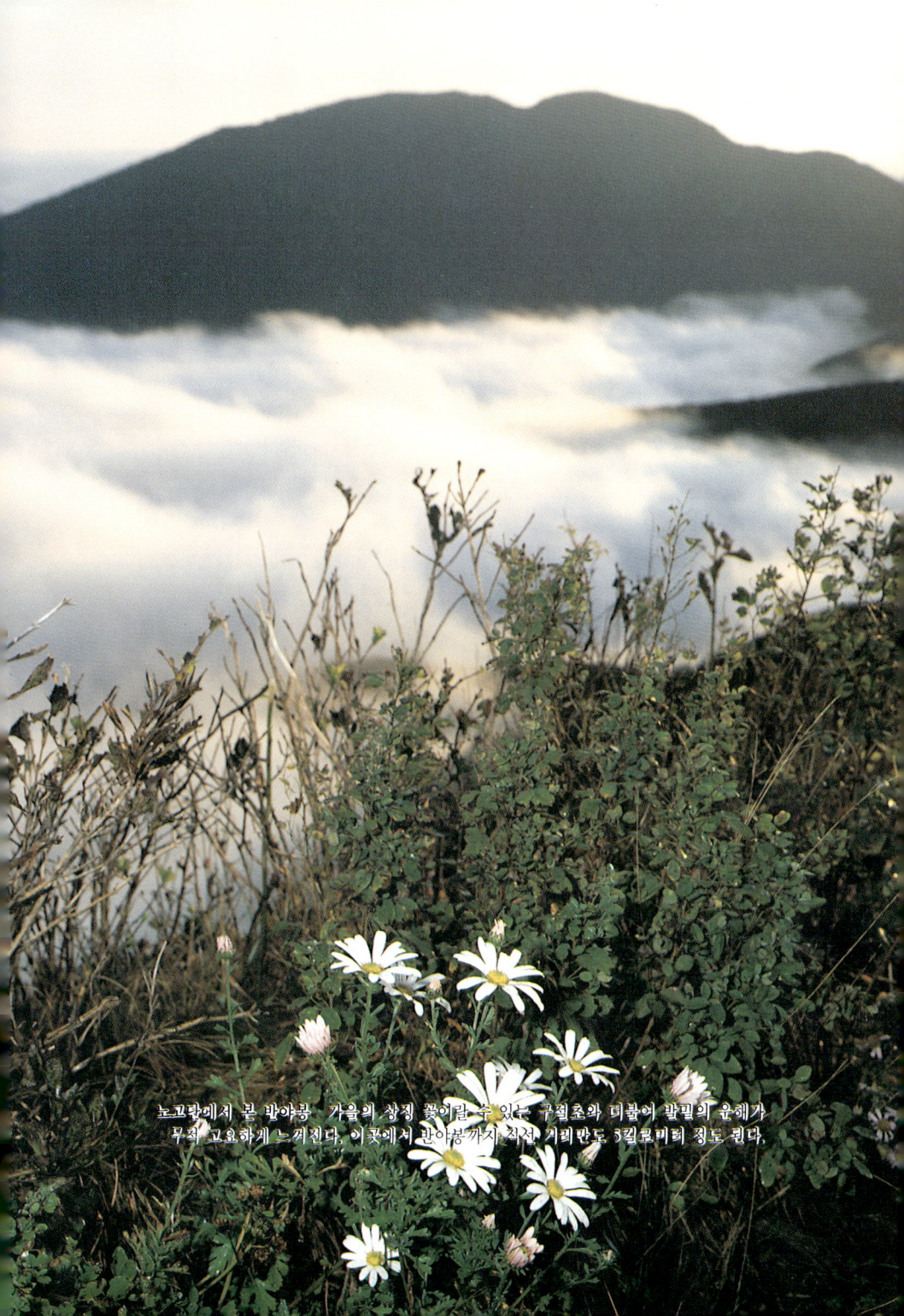

노고랑에서 본 반야봉 가을의 상징 꽃이랄 수 있는 구절초와 더불어 발밑의 운해가
무척 고요하게 느껴진다. 이곳에서 반야봉 까지 직선 거리만도 5킬로미터 정도 된다.

끝에 서 있는 노고단(老姑壇)까지의 길이가 45킬로미터로 100리가 넘고, 산의 둘레는 320킬로미터로 약 800리에 이른다. 또 지리산은 우리나라 국립공원 제1호로 지정되어 있는데 공원 면적이 485제곱킬로미터, 1억 3천만 평 이상으로 파악되고 있다. 지리산은 천왕봉말고도 1,000미터가 넘는 20여 개의 준봉들이 있고 15개의 지능선과 계곡들이 어울려 있는, 그야말로 거대한 산괴(山塊)이다.

무엇보다 이 산은 경남, 전남북의 3개 도(道)와 함양, 산청, 하동, 구례, 남원의 5개 군(郡) 그리고 화개, 토지, 산내, 시천, 삼장 등 15개 면(面)의 행정 구역에 걸쳐 있다. 지리산은 그 자락마다 사람들의 마을을 안고 있다. 이 산은 다른 곳에서 찾아오는 탐승객이나 등반객 이전에 3개 도, 5개 군, 15개 면에 살고 있는 현지 주민들의 삶의 터전인 것이다.

지리산은 우리나라에서 가장 덩치가 큰 산으로 수많은 '산속의 산'들을 안고 있다. 또 이 산은 독립된 자연 세계만으로 존재하는 것이 아니라 사람과 더불어 자리하는 인간의 산인 것이다. 천왕봉으로 구름떼처럼 많은 인파가 몰려드는 것은 등산이 레저 활동으로 대중화된 오늘날의 현상만은 아니다. 이 영봉에는 이미 1000년 전에 성모사(聖母祠)란 사당이 세워지고 거기에는 성모 석상이 봉안되었으며, 이 사당을 찾는 백성들의 발길이 끊이지 않고 이어졌다. 또 천왕봉 서쪽 100리에 있는 노고단에는 먼 옛날 신라시대부터 선도 성모(仙桃聖母)를 모시는 남악사(南岳祠)가 있었다. 이 사당에서는 성모신을 국토 수호의 성신(聖神)으로 받들어 나라에서 매년 봄과 가을에 중사(中祠)의 예로써 국태 민안과 풍년을 비는 제사를 지내 왔다.

이처럼 지리산은 한국 제1의 자연의 산이자, 사람의 산으로 의연하게 자리하고 있는 것이다.

신앙의 산

반야봉(般若峰), 종석대(鍾石臺), 노고단과 같은 봉우리 이름들이 상징하듯이 지리산은 신앙의 산이다. 구름 위에 떠 있는 고봉 준령마다 영기(靈氣)가 서리고, 영봉 준령에서 이어지는 계곡은 웅장하면서도 유현(幽玄)함을 잃지 않고 있다.

'지이산(智異山)'이라 쓰고 '지리산'으로 부르는 이 산은 예부터 금강산, 한라산과 더불어 신선이 내려와 살았다는 삼신산(三神山)의 하나로 방장산(方丈山)이라 일컬어 왔다. 방장이란 중국에서 먼 옛날부터 동해 가운데 신선이 살고 불로초가 많다고 전하여지는 미지의 신비경(神秘境)인 봉래, 방장, 영주 삼신산의 이름 하나를 따온 것이다. 고대 중국의 진시황이 불로초를 캐러 삼천 동자를 동해 건너 삼신산인 지리산으로 보냈다는 전설이 지금까지 전해 온다.

우리 민족이 지리산을 신앙의 산으로 받들면서 숭앙해 온 것은 남악사, 성모사의 발자취에서도 잘 드러나고 있다. 신라 때는 시조 박혁거세의 어머니 선도 성모를 지리산의 산신으로 남악사에 봉안했고, 고려 때는 태조 왕건의 어머니 위숙왕후를 지리산의 산신으로 성모사에 봉사(奉祀)하였다. 또 남악사의 제례는 조선시대를 거쳐 현재까지 이어져 오고 있다.

지리산이 국가의 수호신으로 숭앙되는 것은 신라 때부터 5악 가운데 하나인 남악(南嶽)으로 불린 것에서도 알 수 있다. 지리산은 또한 영산(靈山)으로 무속 신앙의 발원지로 파악되고 있다. 먼 옛날 천신(天神)의 딸 성모 마고(聖母麻姑)가 지리산에 하강하여 딸 여덟 명을 낳아 모두 무당으로 길러 팔도에 보내 민속을 다스리게 했다는 무조설(巫祖說)이 그것이다. 천왕봉의 성모 석상은 석가여래의 어머니 마야 부인을 산신령으로 모셨다는 또 다른 주장도 있어 불교와의

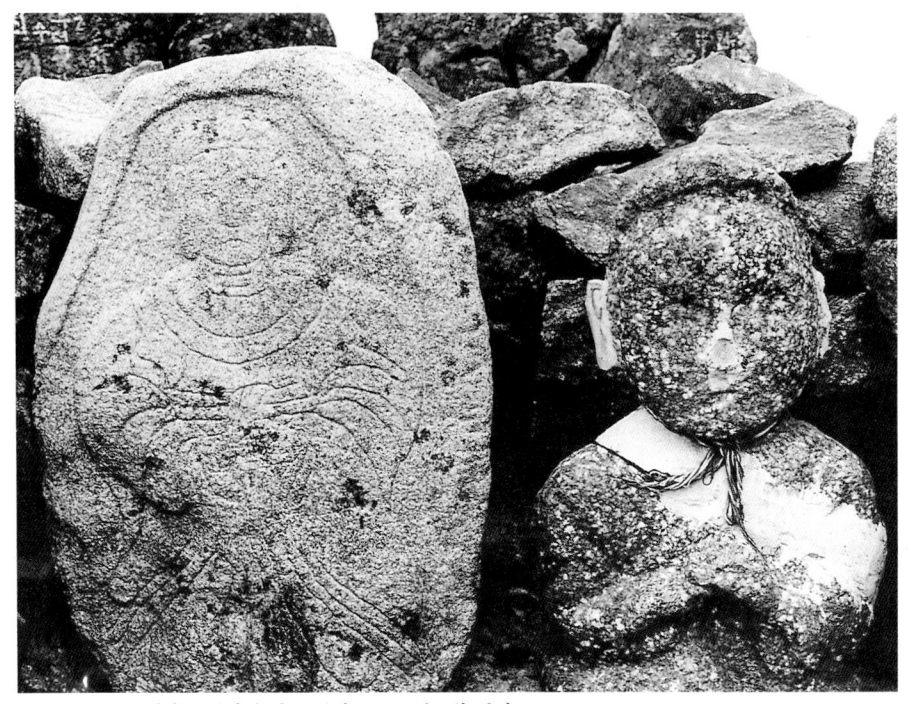

천왕봉 정상의 마고 석상   1973년 6월 촬영.

관련성을 짐작케 해준다.

옛문헌에는 지리산을 '地理山'으로 표기한 것도 있는데, 이것은 불교에서 연유했다는 견해가 지배적이다. 고대 불교에서는 지리산을 문수 도량(文殊道場)으로 불렀다. 지혜의 보살 문수 대성이 이 산에 머물면서 불법을 지키고 중생을 깨우치는 도량으로 삼았다는 것이다. 그래서 이 산을 문수사리(文殊師利)의 '리(利)'를 따서 '地利山'으로 표기했다고 하는데, '地利山'이 '地理山'으로 변했을 것으로 보는 것이다.

지리산의 또 다른 이름인 두류(頭流)는 백두산 산맥이 뻗어내려 여기에 이르렀다는 뜻과 백두산의 맥이 바다에 이르러 그치기 전 이곳에 잠시 정류하였다 하여 붙여졌다는 두 가지 설이 있다. 이와는 반대로 두류는 산세가 멀리 넓게 둘러 있는 것을 의미하는 우리말 '둘러' '두루' '두리'의 한자 음사(漢字音寫)일 것 같다는 견해도 있다. 어쨌든 지리산은 우리 조상들이 일찍부터 광명 신성의 영산으로 숭앙했고, 신앙의 산으로 경배해 온 것이 틀림없다.

믿음의 산으로서 지리산은 색다른 일화도 지니고 있다. 이성계가 조선 창업의 큰뜻을 품고 우리나라의 명산을 순례하며 기도를 드릴 때 유독 지리산에서만 소지(燒紙)가 오르지 않았다고 한다. 이 때문에 이성계는 등극한 뒤 지리산을 불복산(不伏山) 또는 반역산(反逆山)이라 부르고, 역적을 지리산록의 전라도로 귀양보내는 율(律)을 세울 만큼 원한을 품기도 했다는 것이다.

지리산은 또 하나의 불명예스런 이름인 적구산(赤狗山)으로 불리기도 했다. 여순반란에서 6·25전쟁을 거치는 동안 빨치산의 활동 근거지가 됨으로써 얻은 이름이다. 지리산이 토속 신앙이나 무속 신앙의 대상으로 자리하는 것은 오늘날에도 여전하다. 대성 계곡 상류의 영신대를 비롯하여 백무동의 굴바위당, 칠선 계곡과 용류담 등에는 사시 사철 무당의 굿판이나 기도객, 치성객들의 발길이 끊임없이 이어지고 있다.

아픔의 산

1951년 2월 5일, 음력설 제사를 지낸 다음날 아침이었다. 지리산 동북 자락에 한가롭게 위치한 경남 산청군 금서면 방곡리 가현 마을에 수백 명의 국군이 들이닥쳤다. 이 군인들은 80가구의 마을을

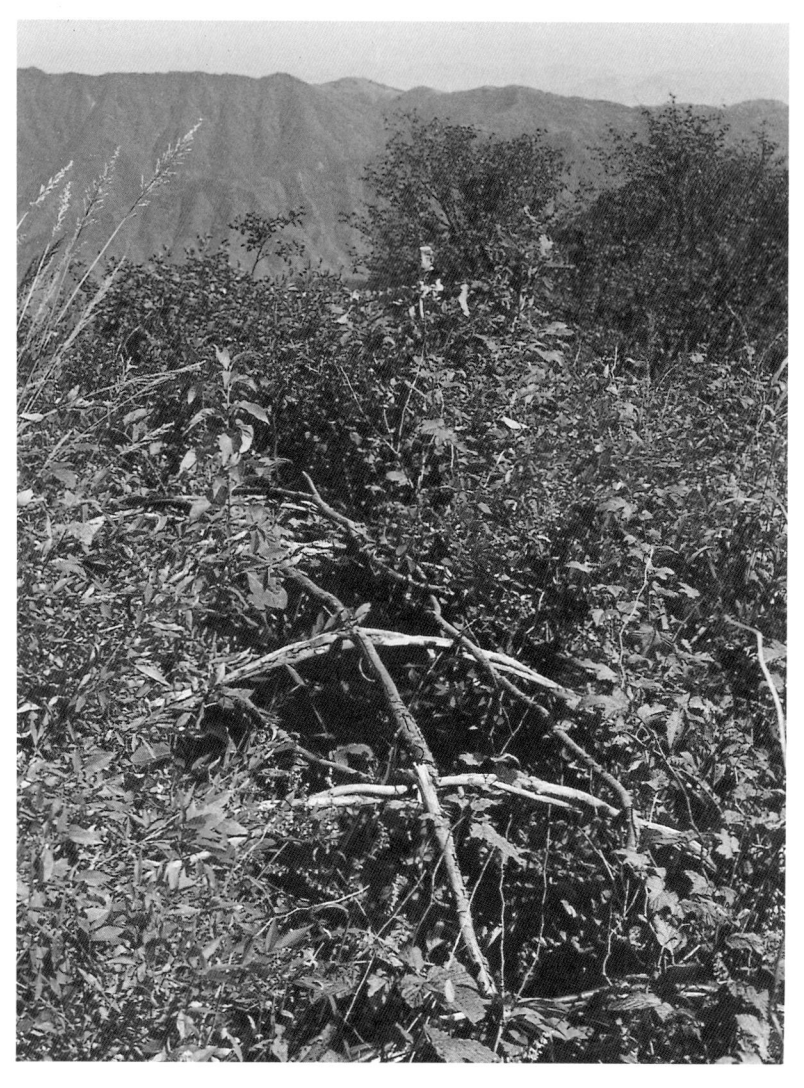

빨치산의 비밀 아지트(비트)로 추정되는 움터 한적한 곳에 나무를 엇대어 지붕을 만들고 그 위에 풀을 덮으면 몸을 숨기기에 알맞은 곳이 된다. 1956년 촬영.

포위하고, 사람과 가축을 몰아낸 뒤 집에 불을 질렀다. 그들은 이어 주민들을 집합시킨 뒤 뒷산으로 끌고 갔다. 젖먹이들은 엄마의 등에 업혀 가고, 어린이들은 치맛자락을 붙들고 딸려 갔다. 마을 뒤 동산 기슭에는 군인들이 미리 와 있었다. 장교의 지시에 따라 끌려간 사람들이 7렬 횡대로 앉혀졌다.

이때 마을의 연장자인 김외길 노인(당시 65세)이 떨리는 목소리로 말했다. "아무 죄도 없는 우리들을 또 수많은 젖먹이들을 왜 죽이려고 하는가. 우리는 죄가 없으니 살려 주소" 이 애원이 오히려 목숨을 재촉하는 신호탄이 되어 기관총이 불을 뿜었다. 김노인도, 남녀 노소 주민들도 무차별 학살되었다. 얼마나 시간이 흘렀을까.

시체 속에서 한 사나이가 몸을 털고 일어나 피범벅이 되어 꿈틀거리는 한 젊은 여자를 업고 50리를 달려 생초면 장터 병원에 눕혔다. 왼편 어깨와 오른편 손에 입은 관통상 수술을 끝낸 다음날 그녀는 의식을 회복, 자신을 업고 왔다는 마을 이장에게 가족을 찾았다. "마을 사람 다 죽었다. 우리 둘만 살아 남았다" 이장의 입에선 그 말밖에 없었다. 그녀의 이름은 이음전, 그때 나이 27세였다. 그녀의 시어머니, 시동생, 시누이, 남편 오인덕, 네 살 난 아들 숙원군이 같이 끌려 가서 같은 장소에서 한꺼번에 살해되었다.

1960년 지리산 양민 학살 사건 국회 조사단이 현지에서 주민들의 증언을 청취한 가운데 드러난 비극의 한 단면이다. 위의 인용이 좀 장황하기는 하지만, 지리산 주변 마을들은 이데올로기의 대립에 따른 어처구니없는 희생을 아무 대가도 없이 치렀다.

1948년 10월부터 1955년 5월까지의 군경 토벌대와 빨치산의 치열한 싸움이 지리산을 주무대로 펼쳐졌다. 이 기간 동안 지리산은 피의 전장으로, 피비린내가 진동하는 아우성과 절규로 뒤덮였다. 민족 상잔의 전투 당사자인 군경과 빨치산 2만 명의 고귀한 목숨이 지리산의 수많은 능선과 계곡에서 비참하게 죽음을 맞이해야 했다. 또한 군경 토벌대와 빨치산의 틈바구니에서 영문도 모른 채 시달리던 무고한 양민 수천 명이 함께 희생되었다. 여순반란에서 시작하여 6·25전쟁을 거치는 동안 확대 일로를 치달렸던 지리산의 빨치산 투쟁은 너무나도 엄청난 비극들을 산자락 곳곳에 물안개처럼 잔뜩 뿌려 놓았다. 그 아픈 역사의 한 편린을 정순덕이란 여성을 통해서도 알 수 있다.

　16세의 어린 신부 정순덕은 지리산 자락이 눈과 얼음에 얼어붙은 섣달 보름날 밤 남편 성석조(17세)의 겨울옷을 준비하여 산으로 찾아갔다. 그러나 20일 만에 남편이 전투에서 죽었다. 마을로 내려갈 수도 없었던 막막한 갈림길에서 그녀는 남편처럼 산에 있다가 죽는 수밖에 달리 길이 없다고 생각했다.
　그녀의 산생활 13년의 세월이, 인간이 극한 상황에서 살기 위한 온갖 행위와 온갖 어려움을 지리산 골짜기마다에 아로새기게 만들면서 흘렀다. 그리고 수천 수백 명의 빨치산이 그녀만 남겨놓고 모두 죽었다. 1963년 정순덕은 경찰의 총을 맞고 붙잡혀 왼쪽 다리 절단 수술을 받았다.
　그녀를 이렇게 몰아넣은 상황은 그녀의 선택이 아니었다. 그녀는 천고의 지리산 자락에서 태어나서 자랐기 때문에 밀림의 요정으로 살고 싶었다. 산나물, 도토리묵을 이웃과 나눠 먹으면서 안개를 마시고 구름을 밟으며 솔바람 소리를 들으며 뻐꾸기를 벗삼아 살고 싶었다…….(김경렬 지음 「다큐멘터리 지리산」 1권)

지리산 최후의 빨치산 정순덕의 비극도 지리산 능선과 골짜기마다 눈발처럼 뿌려졌던 수많은 참상 가운데 하나에 지나지 않는다.
지리산의 아픔은 군경 토벌대와 빨치산의 처절한 사투 한 가지로 그치지 않는다. 그보다 훨씬 더 오래 전부터 이 나라의 역사와 함께 항상 비극이 존재했다. 마한, 진한, 가락국, 신라, 백제 등의 국경 전쟁의 한쪽은 언제나 지리산이었다. 특히 끊임없는 왜구의 침입이 지리산 주변 마을들을 쑥대밭으로 만든 것도 부지기수였다. 남원군 운봉면의 황산대첩비지와 사근역, 여원치 등의 전란 기록들이 지리산의 비극을 웅변해 주고 있다. 특히 임진왜란은 지리산 주민들에게 엄청난 참상을 입게 했다.

왕시루봉 능선이 섬진강에 발을 담그려는 지점인 구례군 토지면에는 석주관(石柱關)이라 불리는 곳이 있다. 전남 사적 제106호인 이곳은 예부터 왜적의 침입을 막던 고전장(古戰場)이다. 이곳에는 정유재란 때 순절한 왕득인, 왕의성, 이정익, 한호성, 양응록, 고정철, 오종 등 일곱 의사와 구례 현감 이원춘의 위패를 모신 칠의단(七義壇)이 있다. 또 칠의단 바로 아래에는 승병 153명과 일반 의병 3,500명을 모신 "전몰의병지위(戰沒義兵之位)"라고 새긴 비석이서 있다. 칠의사순절사적비는 다음과 같은 기록을 새겨 두고 있다.

1597년 선조 30년. 일본은 6년이나 끌어온 임진왜란 끝에 다시 10만 명의 병력을 이끌고 침략하니 정유재란이다. 석주관을 지키던 구례 현감 이원춘이 왜군의 대군에 밀려 병사 이복남, 방어사 변은정, 조방장 김경로와 같이 전사했다.

이 소식이 알려지자 구례현 주민들이 너도나도 의병 대열에 나섰다. 이때 구례현 지철리에 살던 선비 출신의 부호 왕득인은 이들 주민과 자기집 하인을 중심으로 300여 명의 의병을 모아 석주관으로 출진, 선발대를 따라 상륙하는 왜군의 후속 부대를 괴롭혔다. 그러나 엄청나게 많은 적의 병력과 화력을 당할 수 없어 왕득인은 분전하다 장렬하게 숨을 거두었다.

왕득인의 아들 왕의성은 아버지가 전사하자 뜻이 맞는 이정익, 한호성, 양응록, 고정철, 오종 등과 같이 제2차 의병을 일으켰다. 이때의 병력은 1차보다 더 많은 1,000여 명이었고, 인근 화엄사에 격문을 보내 승병과 군량미를 요청하자 승병 130명이 합세했다. 의병들은 활을 쏘거나 커다란 바위나 돌덩어리를 석주관 아래로 굴러뜨리는 원시적인 전법을 썼으나, 응변 기계(奇計)로 적을 무찔러 왕시루봉 계곡에서 흐르는 냇물이 피바다를 이루었다. 그러나 중과(衆寡) 부족으로 이정익, 한호성, 양응록, 고정철, 오정 등 의병 지도자들은 먼저 전사하고 왕의성은 전쟁의 종말까지 수비의 공을 세웠다.

지리산의 비극, 주민들의 아픔을 다룬 기록들은 동학란을 비롯하여 농민들의 크고 작은 봉기 등 여러 곳에서 산재하고 있다. 지리산은 그 의젓한 자태와는 달리 우리 민족의 너무나 많은 아픔의 한(恨)을 안고 있다.

생명의 산

지리산은 그러나 무엇보다 생명의 산으로서 가장 크게 자리한다. 웅장한 지리산괴는 영호남의 지붕으로서 수많은 주민들에게 삶터의 뿌리를 내리게 해주고 있다. 이 산은 역사가 어떠했든, 또 아픔이 얼마나 되풀이되었든, 건강한 삶을 지켜 주는 사람들의 보금자리로서 자리한다.

지리산은 주능선에서 15개의 지능선과 15개의 계곡을 배열, 남북으로 각각 흐르는 큰 강과 연결시켜 놓았다. 그 하나는 만수천–임천–엄천강–경호강–남강–낙동강으로 이어지는 생명의 물줄기이며, 또 하나는 남원, 구례, 하동 땅을 적시고 흐르는 섬진강이다.

지리산은 유난히 물이 많이 샘솟는다. 해발 1,800미터의 천왕샘을

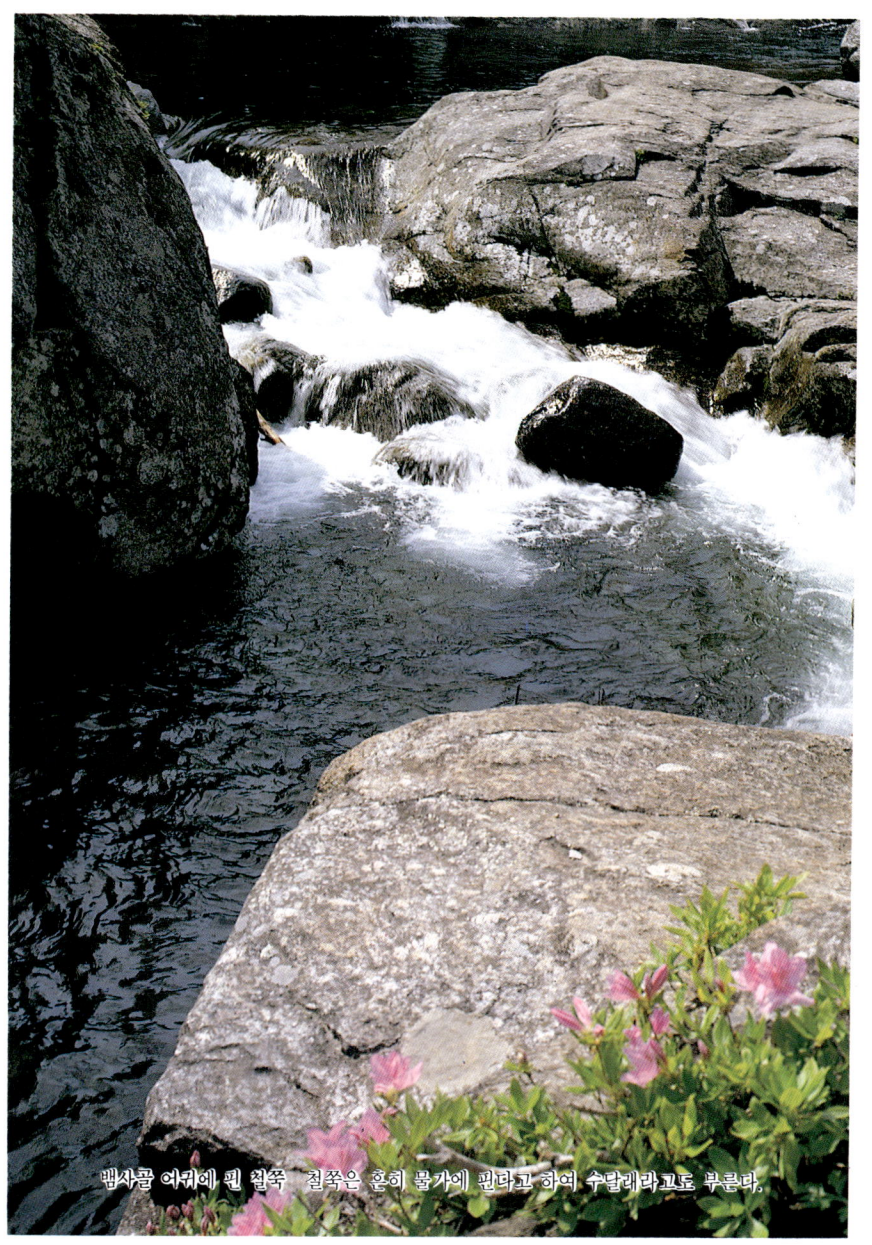

뱀사골 어귀에 핀 철쭉   철쭉은 흔히 물가에 핀다고 하여 수달래라고도 부른다.

비롯하여 주능선 곳곳에서 끊임없이 샘물이 솟아나고 있다. 무엇보다 청정한 계류가 능선과 골짜기를 끼고 돌면서 옥류청계를 만들어 그 하나하나가 비경을 간직한 지리산 12동천(洞天)을 이루고 있다. 화개동천, 선유동천, 백무동천 들이 그것이며 칠선골, 뱀사골, 피아골, 밤밭골처럼 담(潭)과 소(沼)가 비폭(飛瀑)과 함께 선경을 빚어 내는 곳 또한 수두룩하다.

봉만과 계곡, 고원과 분지가 알맞게 배열되어 조화를 이루는 지리산은 만장년기(晩壯年期)의 산괴로 시생대 화강편마암과 섬록암이 혼합된 지질로 되어 있으며, 암반의 노출부가 적고 평탄부가 많아 산 전체의 토질이 아주 비옥하다. 또 지리산은 한랭한 고산 지대와 온난한 산록 지대가 공존함으로써 각종 한온대(寒溫帶) 식물이 무성하게 자라나고 있다. 이 산의 식물은 종류도 아주 다양하여 목본 식물 245종과 초본 식물 579종 등 모두 824종에 이른다. 이 가운데 약용 식물 174종, 식용 식물 285종, 식용 겸 약용 식물 92종, 경제수종 16종, 전식약용 식물 367종이며 그 밖에 미이용(未利用) 식물이 423종이다.

지리산은 전체가 울창한 원시림으로 덮여 있어 동물들의 낙원이 되고 있다. 이 산에 서식하고 있는 동물은 포유류 15과 41종, 조류 39과 165종, 곤충류 215종 등 모두 421종이다.

지리산 식물 가운데는 백두산에서만 자생한다던 백두산초와 금강산에서만 자생하는 것으로 알려진 여우꼬리풀이 천왕봉에서 자생하는 것으로 확인되었다. 또 세석 고원 일대의 애기괭이밥, 나도옥잠화, 누운제비꽃 등과 노고단의 원추리 군락, 화개골의 야생차나무 등이 또한 유명하다. 또 이 산에 서식하는 동물 가운데는 천연기념물로 지정된 사향노루(제216호), 하늘다람쥐(제328호), 반달가슴곰(제329호), 수달(제330호) 등이 있고, 그 밖에도 대륙사슴, 오소리, 목도리담비, 표범, 청설모, 붉은박쥐 등도 있다.

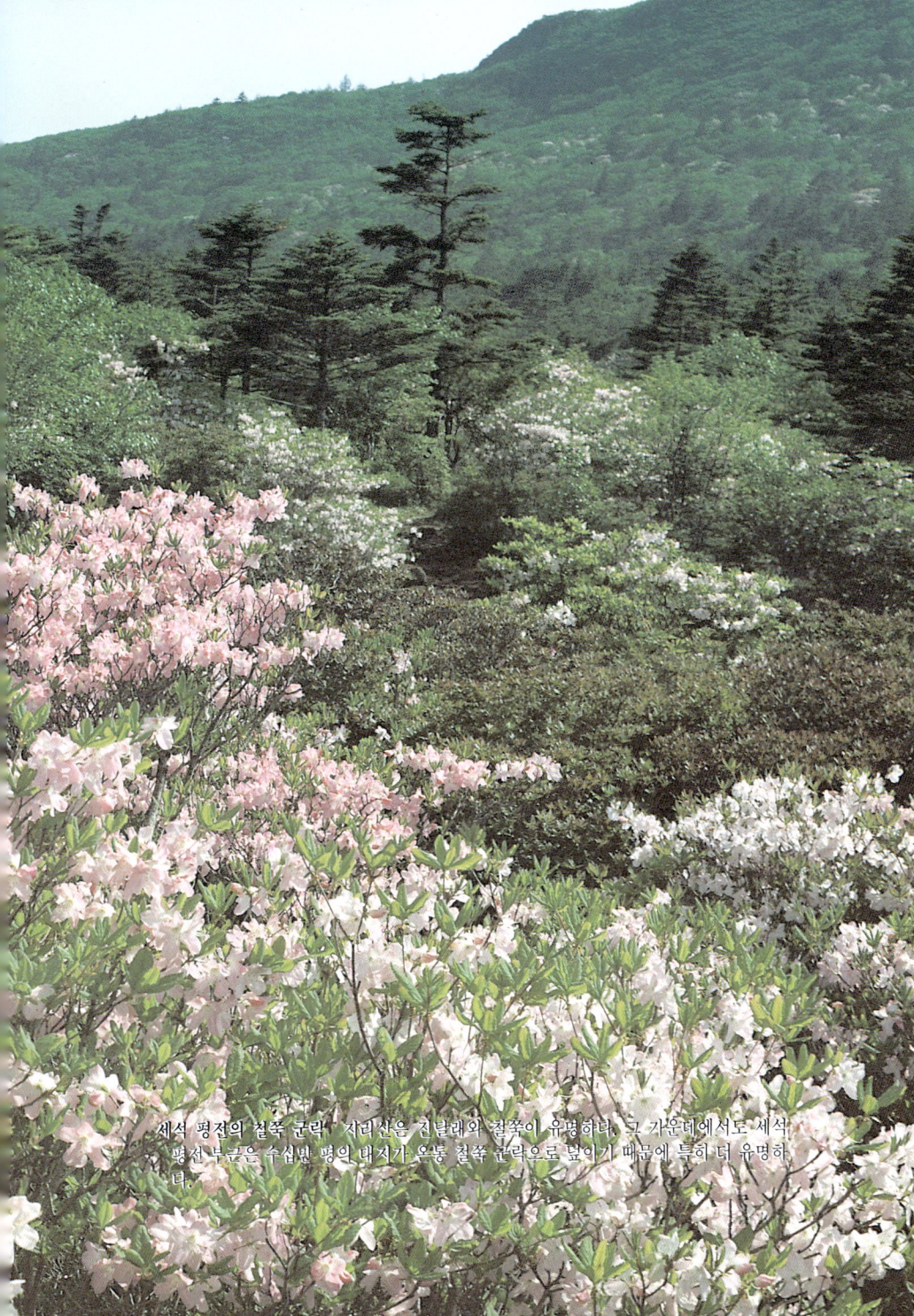

세석 평전의 철쭉 군락 지리산은 진달래와 철쭉이 유명하다. 그 가운데에서도 세석 평전부근은 수십만 평의 대지가 온통 철쭉 군락으로 덮이기 때문에 특히 더 유명하다.

지리산은 산 전체가 동식물의 훌륭한 보금자리로서 그야말로 자연 자원의 보고(寶庫)가 되고 있다. 이 산이 우리나라 국립공원 제1호로 지정된 것도 그 까닭이겠지만, 동식물의 낙원이란 곧 생명의 산임을 증명하는 것이다. 또한 동식물의 낙원은 우리 인간에게도 마찬가지로 훌륭한 보금자리이자 갖가지 생명의 양식들을 제공하고 있다. 이 산이 우리 인간에게 기여하고 있는 것은 너무나 방대하고 엄청나므로 일일이 열거할 수조차 없다. 지리산은 우리 역사의 격랑과 함께 때때로 산 무게보다 더 넘치는 아픔을 안겨 주기도 했지만, 생명의 산으로서 가장 값진 자리매김을 하고 있다.

　　지리산은 지난 1960년대 이래 평화 시대를 맞아 그 산자락에 기대어 사는 사람들에게 건강하고 밝은 삶을 제공하고 있고, 멀리 떨어져 살고 있는 사람들에게도 우리나라 최대의 관광 탐승지로서, 장쾌한 능선의 등산 명소로서, 국립공원 가운데 가장 규모가 큰 자연 세계로서 갖가지 기여를 하고 있다.

　　지리산 주봉인 천왕봉에는 "한국인의 기상 여기서 발원되다"라는 글을 새긴 표지석이 서 있다. 그렇다. 이 산은 한국인 모두의 산이다. 또한 우리 민족의 정신의 고향이 되고 있다. 그러나 오늘의 지리산에 심각한 문제가 없는 것도 아니다. 성삼재, 정령치 종단도로가 완공된 것을 비롯하여 중산리—문창대 케이블카 건설 계획을 검토하는 것에 이르기까지 이 산에는 급속히 개발의 물결이 스며들고 있다. 집단 시설 지구란 명목으로 산자락을 깔아뭉개고, 도로를 넓힌다면서 나무들을 자르고 바위를 굴러내린다.

　　지리산의 문화 원류나 역사의 숨결은 묻어 둔 채 우선 사람과 차량들을 불러들이고, 그들이 먹고 마시고 잠자는 쪽의 시설 투자를 앞세우고 있다. 이와 함께 지리산 주변 마을에도 상업적인 바람이 거세게 불고 있다. 지리산의 상업적인 바람, 그것은 이 산과 너무나 어울리지가 않는다.

자연 지리

맑은 날에도 구름

"산이 높으면 비가 그칠 날이 없고, 계곡이 깊으면 물길이 끊어질 날이 없다"는 옛말이 있다. 지리산 100여 리 주능선에는 구름이 걷힐 날이 없고, 계곡 어디엔가는 비가 내리지 않는 날이 없다. 지리산은 남한 최고봉인 천왕봉을 주봉으로 하여 우리나라 최장의 주능선과 대소 15개의 지능선과 계곡이 한데 어울려 1억 3천만 평의 거대한 산악군을 이루고 있다.

한반도의 척추를 이루고 있는 태백산맥에서 갈라져 나온 소백산맥이 남서 방향으로 달리면서 속리, 덕유산을 일으키고, 추풍령 부근을 지나면서 손가락을 펼친 것처럼 벌어져 소백산맥군을 이루고 있다. 그 사이로 섬진강이 남으로 흐르고 가장 동쪽의 한 맥 가운데에 지리산이 솟아 그 부근 일대는 남부 제일의 높은 고지대를 이루고 있다.

지리산은 중생대 쥬라기의 대지각 변동 이후 제3기의 단층 작용으로 이루어진 만장년기의 산괴이다. 또 제3기의 단층 작용과 제4

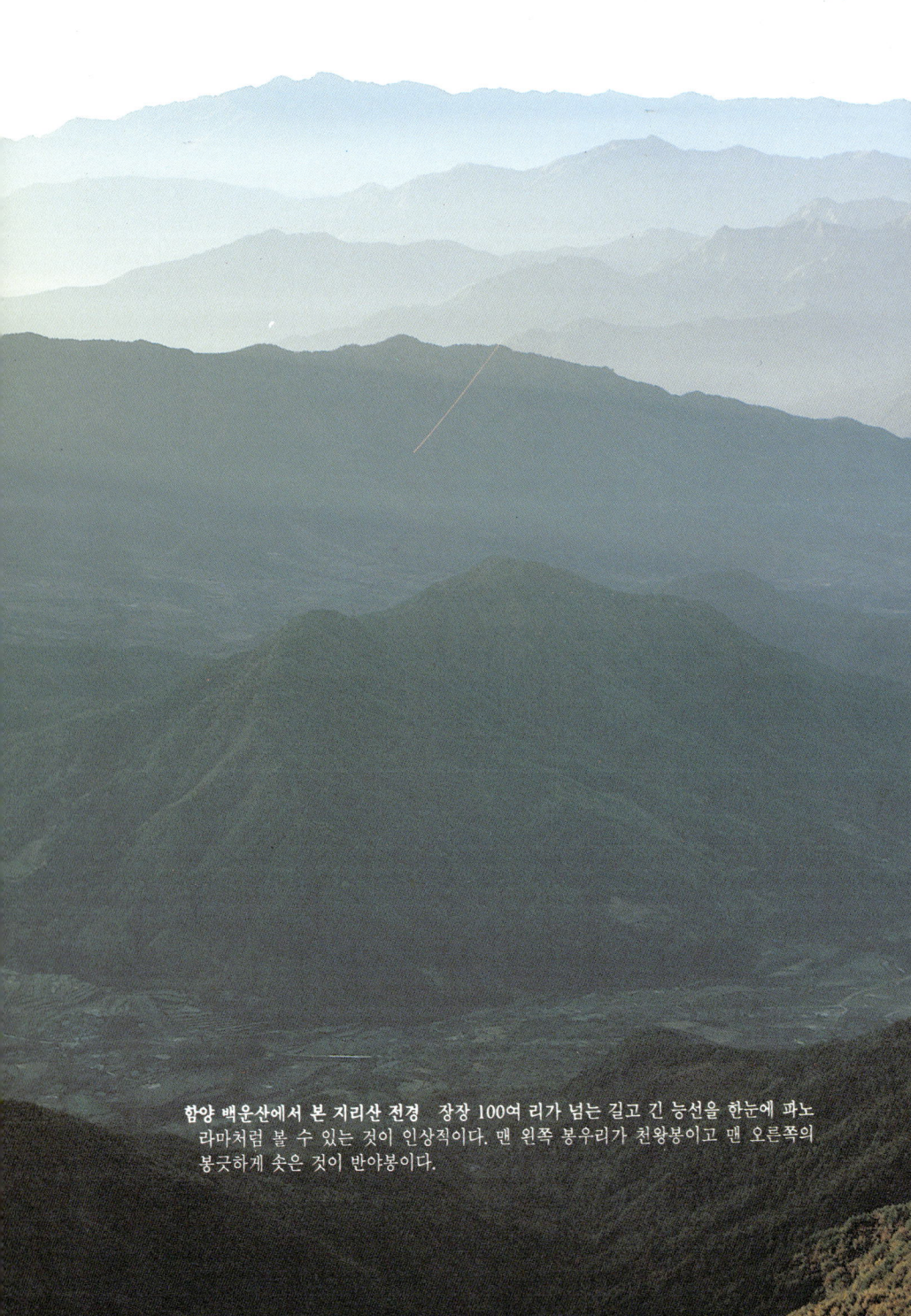

함양 백운산에서 본 지리산 전경 장장 100여 리가 넘는 길고 긴 능선을 한눈에 파노라마처럼 볼 수 있는 것이 인상적이다. 맨 왼쪽 봉우리가 천왕봉이고 맨 오른쪽의 봉긋하게 솟은 것이 반야봉이다.

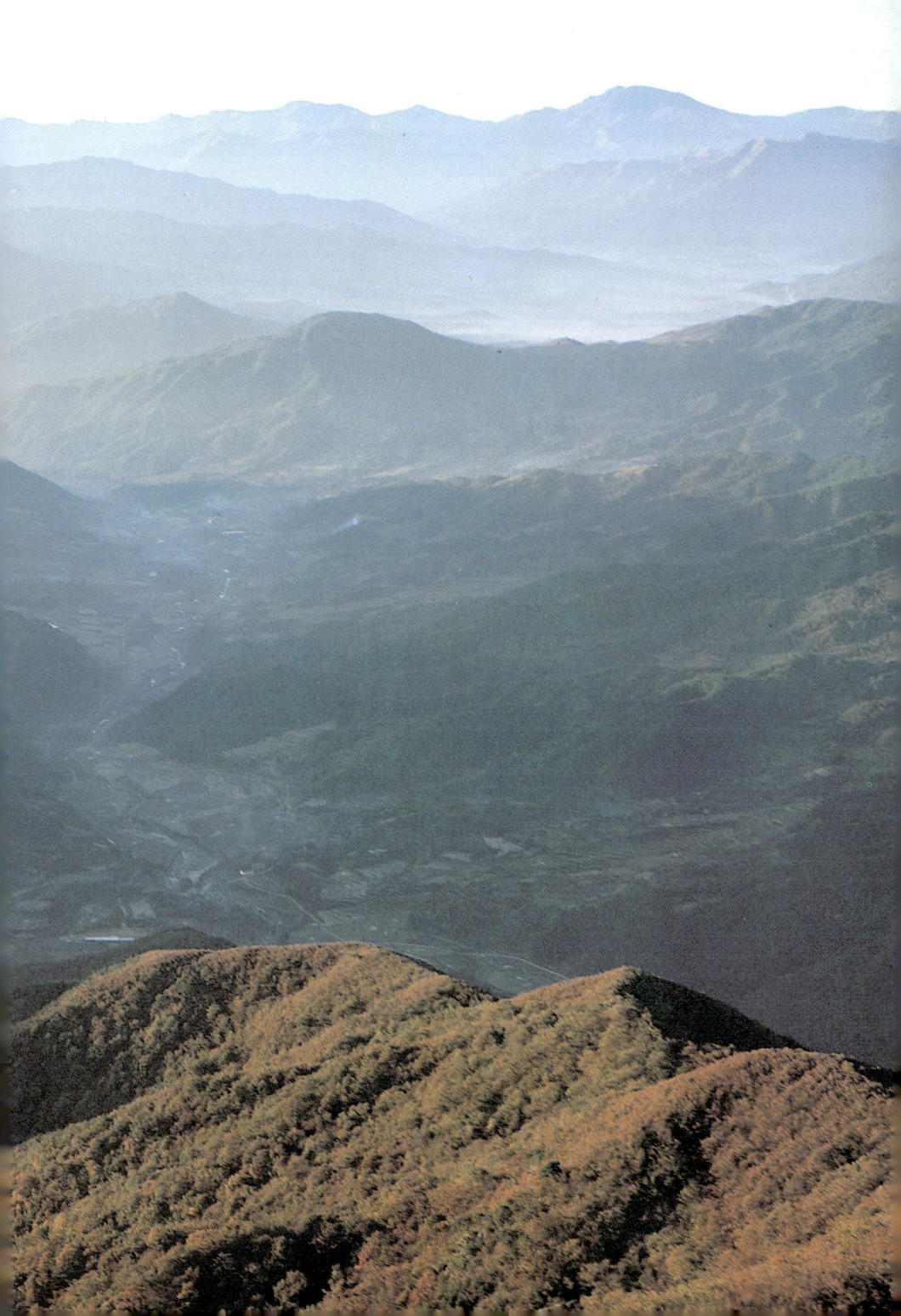

기에 이르는 사이에 화산 활동이 있었을 뿐, 근생대에는 지각 운동이 별로 없었다. 이 때문에 비바람으로 인한 삭마 침윤(削磨浸潤)이 심해 고저 기복이 아주 적은 노년기에 접어들었다. 더욱이 지리산은 시생대의 화강편마암에 관입한 섬록암과 화강암반으로 구성되어 있어 이 지표(地表)가 풍화되어 좋은 양토를 형성하고 있다. 이 산의 지표는 산령과 암석지를 제외하면 토심(土深)이 깊다. 또 부식물이 많고 공기 유통과 배수가 잘 되어 식물의 생육에 적합한 양질의 토양으로서 예부터 산 전체가 원시림으로 뒤덮여 있었다.

1461년경 이륙(李陸)이 쓴 「지리산 유산기」에는 "온 산에 전나무와 느티나무가 여러 겹으로 경사지게 옆으로 쌓여 있어 전진할래야 발 디딜 곳이 없을 정도다"라고 지리산의 원시림 상태를 묘사하고 있다. 지리산은 이런 원시림에다 큰 계곡까지 발달, 화개, 백무, 칠선, 거림 등의 큰 골짜기와 뱀사골, 피아골, 연곡골 등에 소(沼), 폭포, 기암 괴석이 즐비해 아름다운 자연미를 빚어 놓고 있다.

"지리산을 20번쯤 찾은 사람은 이 산을 죄다 아는 것처럼 우쭐거린다. 그러나 지리산을 100번 또는 200번 가량 찾는 횟수가 늘어나면 '이 산에 대해서 아는 것보다 모르는 것이 너무나 많다'고 고백한다."

이 말은 지난 1955년 여름에 처음으로 지리산을 등정한 이래 1981년 천왕봉 200회 등정 기록을 세운 부산의 원로 산악인 성산(成山)이 실토한 것이다. 그만큼 지리산은 넓고 높고 또한 깊다. 따라서 이 산의 기후도 아주 변화무쌍하다.

지리산은 남해와 가까이 있으면서도 산세가 높아 대륙성 기후의 영향이 강해 일교차와 한서의 차이가 심하다. 여름의 기온 고저 차이는 15도에서 20도나 된다. 주봉 천왕봉의 최고 기온은 25도, 최저 기온은 영하 30도 이하를 기록하기도 하는데, 겨울철 강풍이 불 때의 체감 온도는 엄청나게 떨어진다. 또 표고차에 따른 기온

차이도 현저하여 7월 중순 산록에서 35, 36도를 오르내릴 때 산정의
온도는 19, 20도를 나타낸다. 이 때문에 해발 1,500미터급의 노고단
에는 1930년대에 서양인 선교사들의 피서용 별장 50채 가량이 세워
지기까지 했다. 여순반란 와중에 이 별장들이 불타 버리자 서양
선교사들은 '지리산의 시원한 피서'를 잊지 못해 전란 뒤 왕시루봉에
새로운 목조 건물의 별장촌을 건립, 지금까지 사용해 오고 있다.

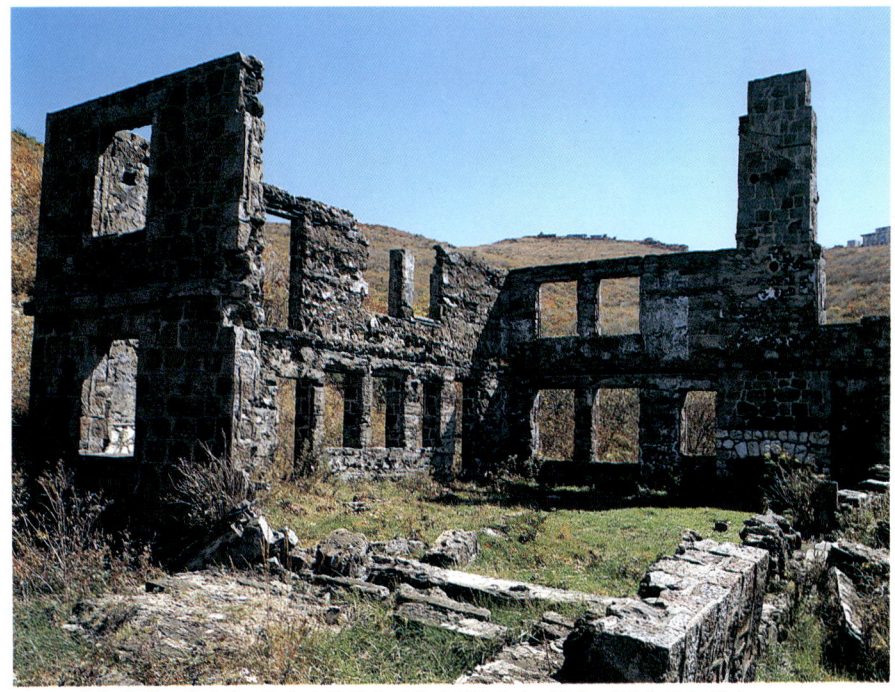

노고단의 옛 선교사 별장 한때 수십 동의 건물이 있었으나 지금은 이것만 남아 있다.
이 건물이 있을 당시에는 금강산이나 묘향산을 마음대로 드나들던 시절이었는데,
유독 이곳에 거대한 별장이 들어선 것만 보아도 지리산의 아름다움이 어떠한지 여실
히 증명되고 남는다.

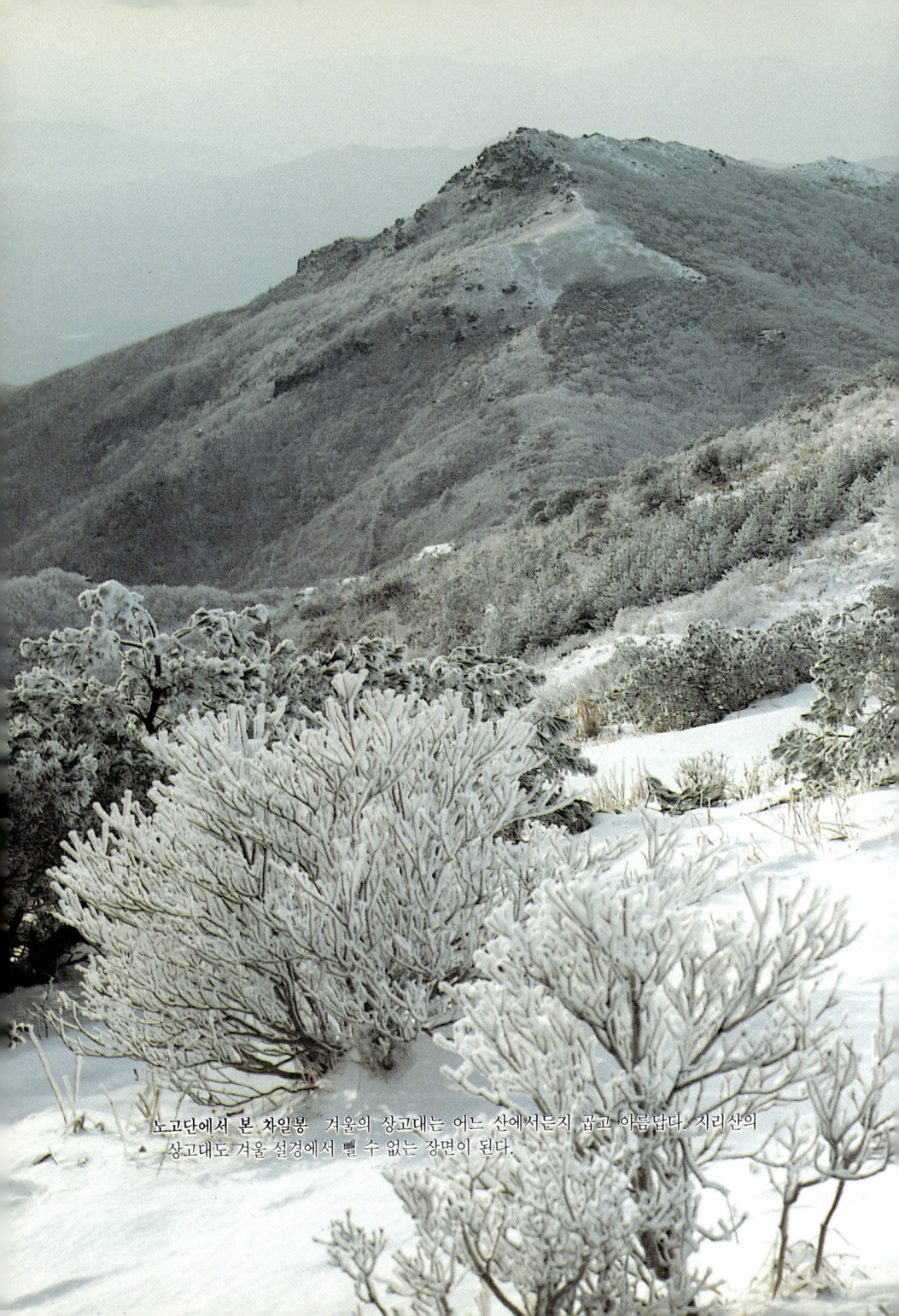

노고단에서 본 차일봉 겨울의 상고대는 어느 산에서든지 곱고 아름답다. 지리산의 상고대도 겨울 설경에서 뺄 수 없는 장면이 된다.

지리산은 크고 작은 산들이 겹겹으로 둘러싸였고, 산림이 울창하며 골짜기마다 계곡이 잘 발달하여 강우량이 많다. 지리산의 연평균 강우량은 1,200밀리미터 이상이며, 특히 6, 7월을 전후한 3, 4개월 동안 내리는 비가 연간 강우량의 60퍼센트 이상을 차지한다.

1489년 김일손(金馹孫)이 쓴 「유두류록」이란 지리산 등정기에는 다음과 같은 대목이 있다.

"밤새도록 내린 비가 그칠 기미가 보이지 않아 절 등구사(登龜寺)에 머물렀다. 낮잠을 자다 비가 개어 두류산이 깨끗하게 드러났다는 스님의 말에 눈을 들고 바라보니, 곧 울창한 세 봉우리가 문 앞에 우뚝 솟았는데, 흰 구름이 그를 감돌고 있어 숨었다가 나타났다가 하는 것이었다. 잠시 뒤에 다시 비가 내렸다."

실제 지리산을 오르는 사람은 이렇게 비가 내렸다 개었다 하는 조물주의 조화를 자주 보게 된다. 지리산은 맑은 날씨에도 곧잘 계곡의 기류가 상승하여 구름으로 변하고, 푸른 숲속에서 흰 구름들이 솟아오르기 때문에 청명한 날을 계속 만나기가 쉽지 않다. 또 주능선과 크고 작은 봉우리에는 기상 변화에 따른 운무와 안개가 자주 낀다. 연평균 맑은 날은 80일에서 100일 정도에 불과하고, 하루 동안에도 수시로 기상이 급변하는 전형적인 산악 날씨의 특징을 보여 준다.

지리산은 겨울철의 강설량이 많기로 유명하며, 칠선 계곡과 한신 계곡, 심원 계곡 등에는 겨우내 1, 2미터의 눈이 쌓여 이듬해 5월께야 녹는다. 일반적으로 지리산에 첫눈이 내리는 시기는 11월 초순께이고, 이듬해 3월 하순부터 눈이 녹기 시작한다. 또 첫얼음은 10월 중순쯤에 얼고 4월 말께 얼음이 녹으며, 첫서리는 9월 말에서 10월 초순 사이에 내린다.

지리산의 녹음은 4월 초순 산록에서 시작되며, 4월 하순부터 5월 초순까지는 진달래가, 5월 하순부터 6월 초순까지는 철쭉꽃이 만발한다. 단풍은 10월 중순부터 11월 초순에 본격적으로 물든다.

풍향은 우리나라의 일반적인 특징 그대로 여름철에는 남풍 또는 남동풍이, 겨울철에는 북서풍과 북풍이 많이 분다. 또 풍속은 산록 지대의 마을은 지리산맥이 가로막아 연평균 초속 1, 2미터 정도로 미미하지만, 산정에서는 거목의 뿌리도 뽑아 버릴 정도의 강풍이 불기도 한다.

되살아난 식물 왕국

지리산은 역사의 아픔이 되풀이된 만큼 수많은 수난을 겪었다. 이 산의 자연 세계도 역사의 수난과 마찬가지로 많은 아픔을 겪어야 했다.

지리산의 식물상은 한랭한 고산 지대와 온난한 산록 지대의 특징과 비옥한 토질, 풍부한 강우량으로 생육의 최적 조건에 따라 그야말로 방대하다. 지리산 식물은 목본 245종, 초본 579종 등 모두 824종에 이른다.

기록에 따르면 지리산은 15세기까지만 해도 발 디딜 틈이 없을 정도로 나무가 빽빽이 서 있었다고 한다. 이륙의 「지리산 유산기」에는 "나무들이 하늘을 덮었고, 밑에는 세죽이 빽빽하게 밀집하여 발 디딜 틈이 없었다. 마땅히 수십 그루를 찍어넘겨야 비로소 얼마만큼의 하늘을 볼 수 있을 것이다"라고 쓰고 있다. 또 김일손의 「속두류록」에는 "쓰러진 고목들이 앞에 계속 나타나는데, 모두가 좋은 목재감들이다. 몸을 구부리고 아래로 나가며 다리를 절면서 위로 걷기도 하였다. 이같이 좋은 목재가 목수를 만나지 못하여 마루와 대들보로 쓰이지 못하고 산에서 그냥 말라버렸으니 얼마나 아까운 일인가. 그러나 역시 제 수명대로 사는 것이니, 나무로서는 오히려 다행이라고나 할는지……"라고 기록돼 있다.

지리산은 이러한 원시림이 역사의 격랑과 함께 끊임없이 수난을 받아야 했다. 지리산 수목의 수난은 임진왜란 때부터 시작되었다. 지리산 안의 사찰 주변에서 격전을 치렀고, 왜군의 방화로 산림이 크게 훼손된 기록이 곳곳에 남아 있다. 또 이 산은 예부터 무주공산 (無主空山)이어서 지방민들이 곳곳에서 남벌을 일삼고 화전을 일구 었는데, 지방 관리들은 화전세까지 받아 이를 장려하는 결과가 되어 산림의 황폐화를 부채질했다.

이러한 산림 황폐화에 처음 제동을 건 것은 구한국 융희 2년 구산 림령을 공포, 산림의 보호와 관리, 식림(植林)을 장려하고부터이 다. 또 1923년 일본 규슈대학이 경남 하동군과 산청군의 임야 2만 8천 헥타르를 조선총독부로부터 80년 동안 무료 대부받아 대학 연습림으로 경영했고, 교토제국대 등 각 대학어 지리산을 대학 연습 림으로 경영하면서 산림 보호가 본격적으로 이루어졌다. 그러나 2차 세계대전 중에 일본은 군수용(軍需用)이란 명목으로 지리산에 보국대를 동원, 해발 1,100미터 이하의 나무들을 남벌했다. 해방 뒤에는 여순반란과 6·25전쟁의 격전을 치르면서 수많은 방화가 잇따랐고, 전쟁 전후의 혼란기와 자유당 부패 정권 때 10여 년에 걸쳐 대규모 기업형 도벌이 횡행했다. 천왕봉과 장터목 사이에 있는 제석봉 일대의 대규모 고사목 지대가 지리산 산림 수난의 상징으로 남아 있다.

지리산은 1967년 12월 국립공원 제1호로 지정되면서 남벌과 도벌이 사라졌고, 춘추계경방기간 동안 등산로 폐쇄, 특정 구역의 자연 보호 구역 지정과 휴식년제의 운용 그리고 지정 취사 지역 설치 등으로 식물의 왕국으로 되살아나고 있다.

현재 산청군에 속한 5,484헥타르의 경상대 연습림을 비롯, 피아골 과 심원 계곡 일원의 서울대 연습림은 원시 수해(原始樹海)의 비경

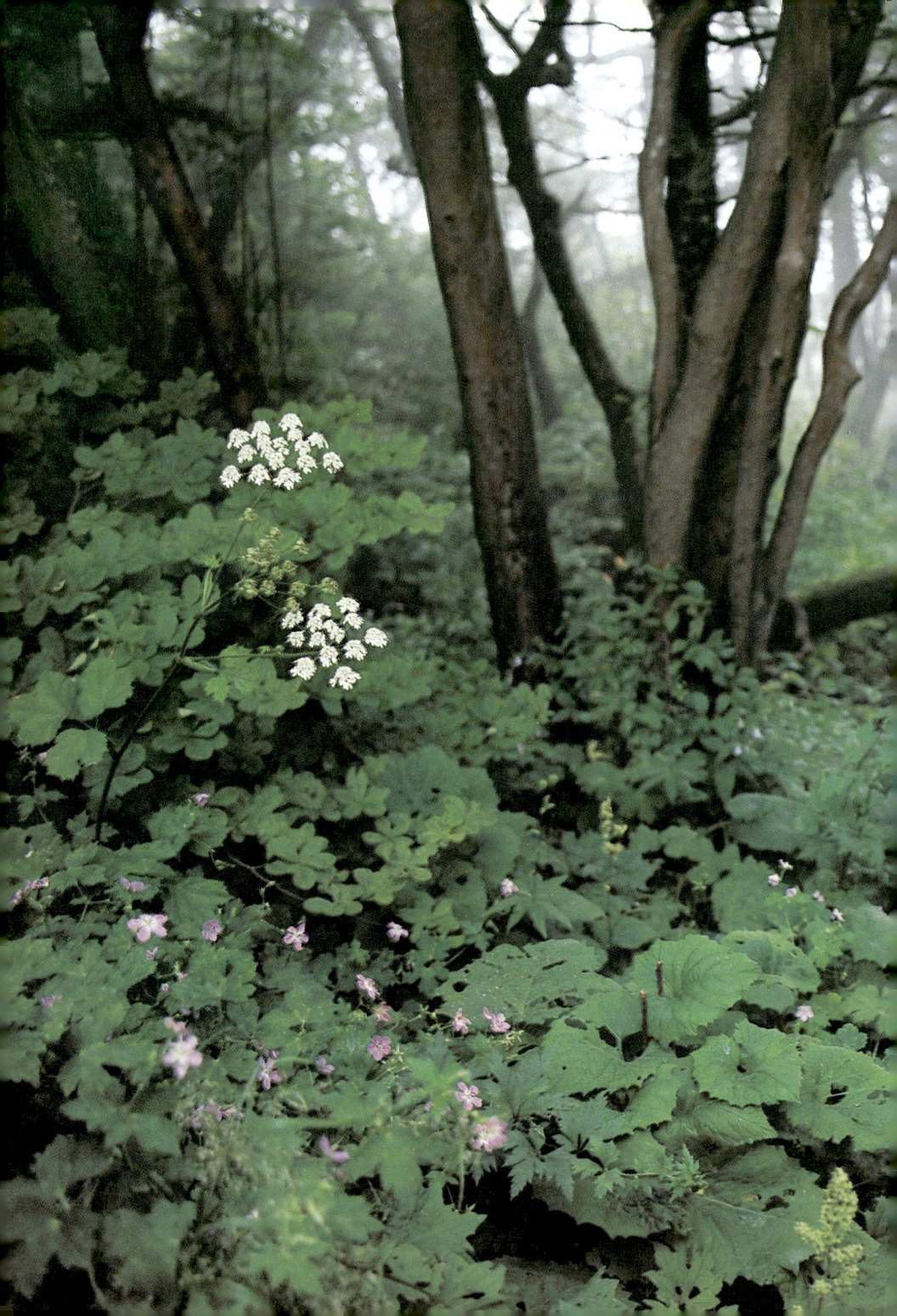

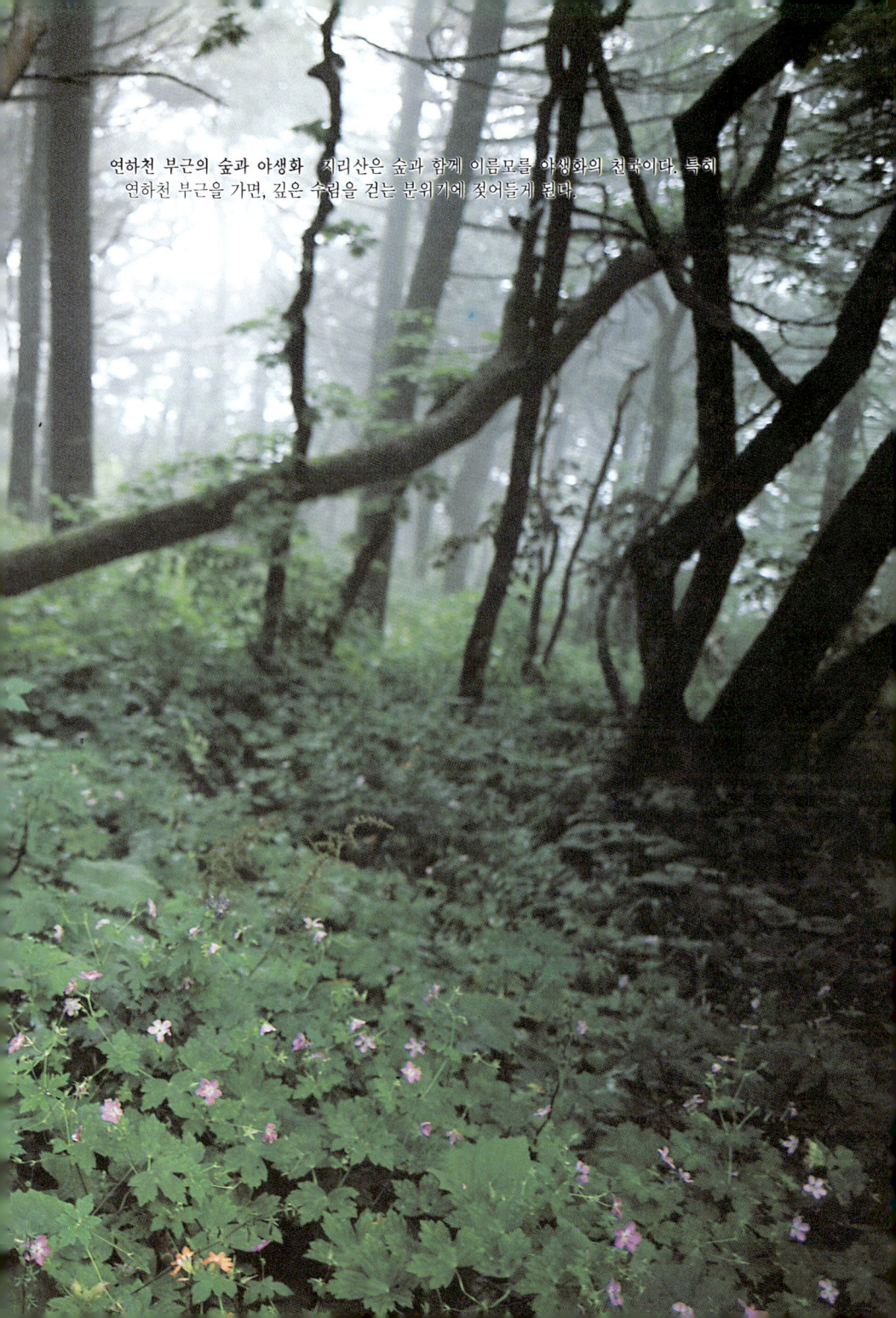

연하천 부근의 숲과 야생화 지리산은 숲과 함께 이름모를 야생화의 천국이다. 특히 연하천 부근을 가면, 깊은 수림을 걷는 분위기에 젖어들게 된다.

을 회복했으며, 칠선 계곡과 중봉골 등도 동식물의 왕국으로 빠른 복귀를 하고 있다.

지리산의 나무는 소나무가 근간을 이루지만, 남부 지방의 대표 수종인 서나무 그리고 지리산 대표 수종인 졸참나무와 참나무가 무성하다. 이러한 기존 수종과 더불어 산중 지대는 굴참나무가, 산정 지대는 가문비나무, 분비나무, 물푸레나무, 신갈나무 등이 많이 분포하고 있다. 특히 천왕봉 일대에는 저온과 강풍의 영향으로 왜소화된 사스레나무, 좀고채목, 물앵두나무, 털진달래, 붉은병꽃나무 등이 군생 또는 혼생하고 있다.

지리산 수림의 수직 분포대를 보면 침엽수는 1,000미터까지 소나무대이며 그 이상은 분비나무대이다. 활엽수는 500미터까지 졸참나무와 참나무대이며 500에서 1,400미터까지 굴참나무대와 신갈나무대, 1,400에서 1,900미터까지는 고채목대이다. 분포대별 대표 수종은 졸참나무, 서나무, 밤나무, 산초나무, 향나무, 떡갈나무(이상 졸참나무대), 소나무, 고로쇠나무, 벚나무, 층층나무, 쪽동백, 작살나무, 노각나무(이상 굴참나무대), 가문비나무, 구상나무, 신갈나무, 진달래, 철쭉, 마가목(이상 신갈나무대), 고채목, 사스레나무, 주목, 야광나무, 잣나무, 거제수나무(이상 고채목대) 들이다.

지리산 식물 가운데 특이한 것은 300년 이상의 수령을 가진 화엄사의 올벚나무(천연기념물 제38호), 세석 고원의 철쭉 군락, 노고단의 원추리 군락, 화개동천의 야생 차나무 등이다. 또 천왕봉의 백두산초와 여우꼬리풀, 세석 고원 일대의 애기괭이밥, 나도옥잠화 등도 귀중한 식물로 손꼽히고 있다.

지리산은 또 예부터 다양한 약용 식물이 분포하여 우리나라 최대의 약초 산지로서 이름나 있는데, 지금도 구례 산동면의 산수유를 비롯하여 당귀, 복분자, 만병초 등 질 좋은 약초가 양산되고 있다. 지리산의 대표적인 약용 식물은 산수유, 오미자, 익모초, 작약, 천

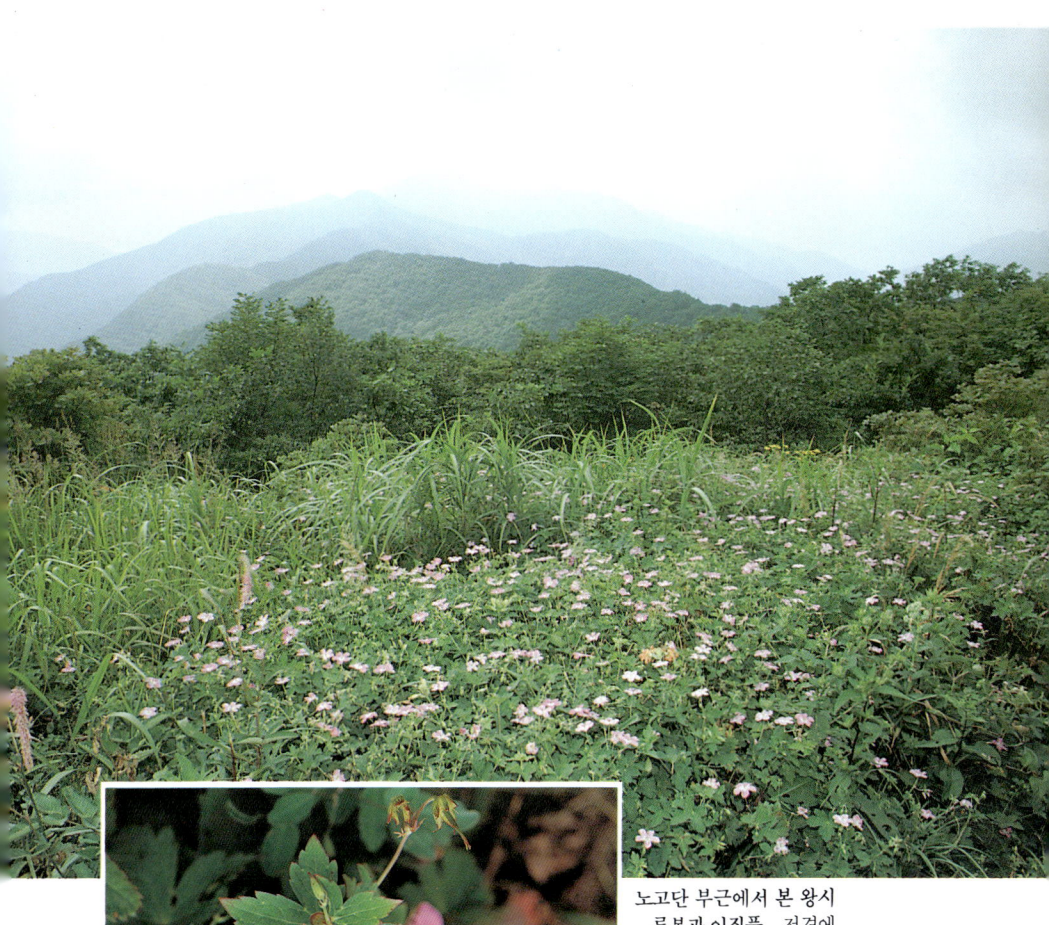

노고단 부근에서 본 왕시
루봉과 이질풀 전경에
피어난 이질풀은 한여름
의 상큼함을 그대로
나타내고 있다.

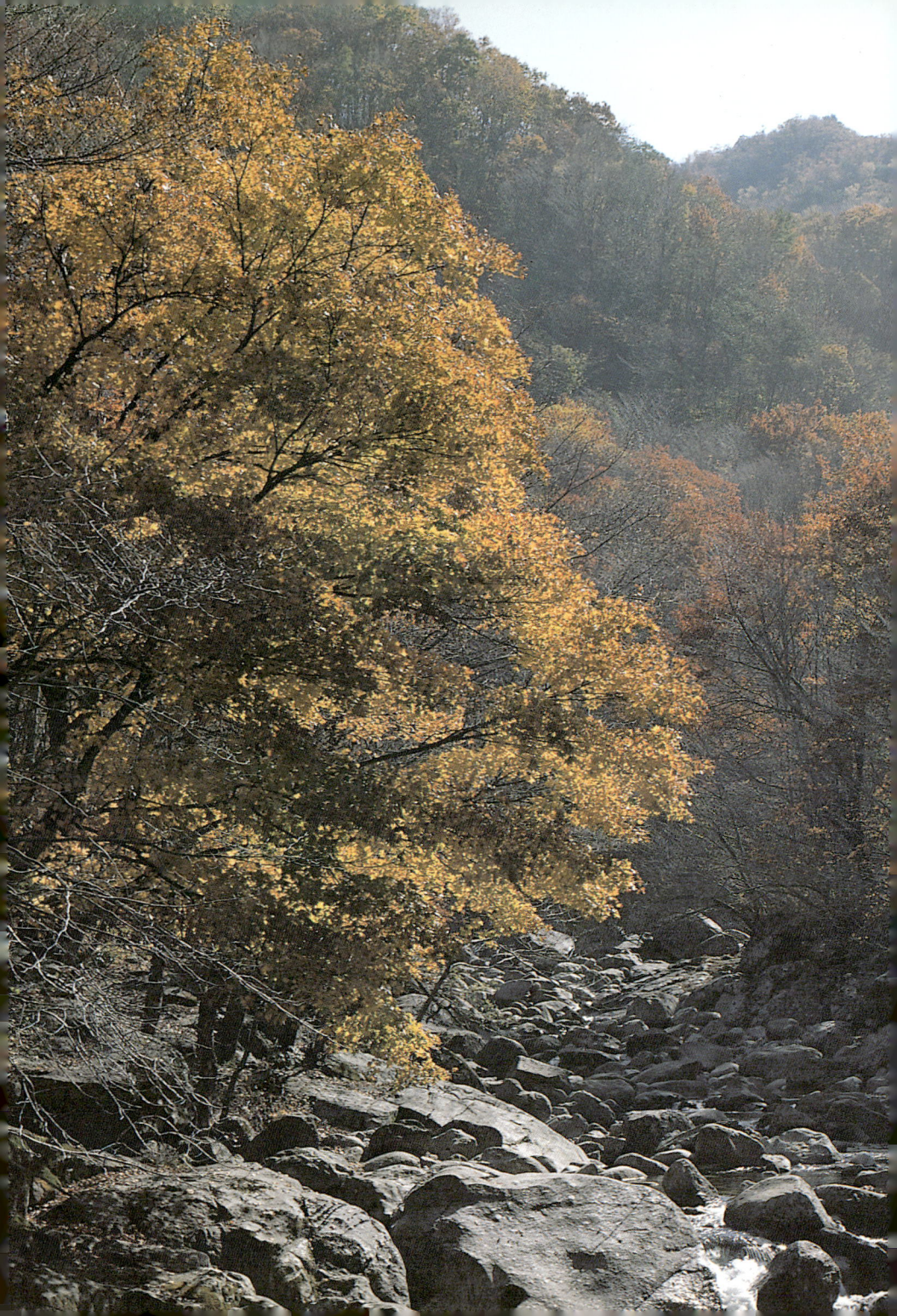

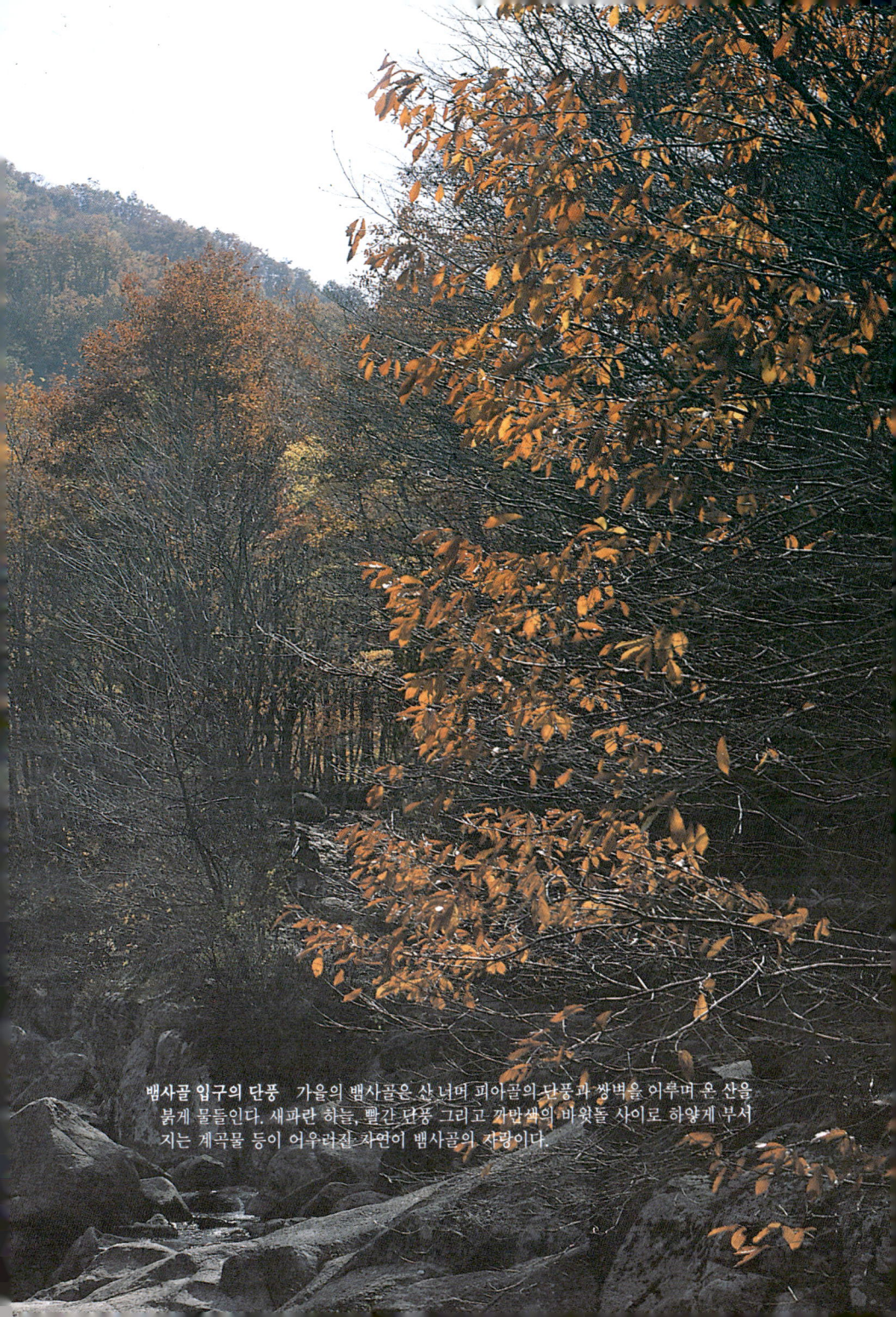

뱀사골 입구의 단풍 가을의 뱀사골은 산 너머 피아골의 단풍과 쌍벽을 이루며 온 산을 붉게 물들인다. 새파란 하늘, 빨간 단풍 그리고 까만색의 바윗돌 사이로 하얗게 부서지는 계곡물 등이 어우러진 자연이 뱀사골의 자랑이다.

궁, 도라지, 구절초, 능소화, 화살나무, 천남성, 연령초, 지황, 만병초, 석창포, 자금우, 개비자, 탱자나무, 현삼, 구기자 등이다. 또 식용 식물은 고비, 고사리, 왕머루, 보리수, 잣나무, 종덩굴, 다래, 상수리나무, 으아리, 고광나무, 산딸기, 차풀, 생강나무 등이 꼽힌다.

특히 지리산에는 경칩 전후에 채취하는 고로쇠나무 수액과 곡우 때 채취하는 거재수나무 수액을 대량으로 방출하고 있다. 단풍나무과의 고로쇠나무는 화개동천과 화엄사 주변 그리고 삼신봉 등지에 대량 분포하고 있는데, 이 수액의 신비한 약효 소문 때문에 현지 주민들의 특수 소득원이 될 만큼 대량 채취가 이뤄지고 있다. 곡우 때의 거재수나무 수액은 남악사의 제례용으로 예부터 오랜 전통을 이어 오고 있는데, 현재는 구례 군민들의 봄의 축제인 '약수제'로 더욱 빛을 보고 있다. 또 마가목 등 신비한 약효가 소문난 일부 수종들은 주민들의 남획으로 수난을 당하고 있는데, 국립공원 관리공단을 비롯한 행정 당국의 단속과 경계의 강화가 요청되고 있다. 또 화개동천 신흥 마을의 수령 1,000년 된 도나무(경상남도 지정보호수 제1호) 등의 적극적인 보호책도 아울러 요청되고 있다.

사향노루 다시 뛰놀아

지리산이 여순반란 사건 이래 6·25전쟁의 아픔을 치렀던 것은 이 산에 살고 있던 동물들에게도 엄청난 수난이었다. 포탄이 작렬하고 산림이 불타고, 군경 토벌대와 빨치산의 격전이 치러지는 동안 지리산은 동물들의 실락원으로 전락하고 말았다. 전쟁 이후에도 도벌과 밀렵이 성행하여 동물들의 보금자리는 형편없이 파괴되었다. 지난 1960년대 초 한 고위 관리는 칠선 계곡 등에서 3여 년에 걸쳐 무려 40여 마리의 반달곰을 포획하여 큰 말썽을 빚은 일도

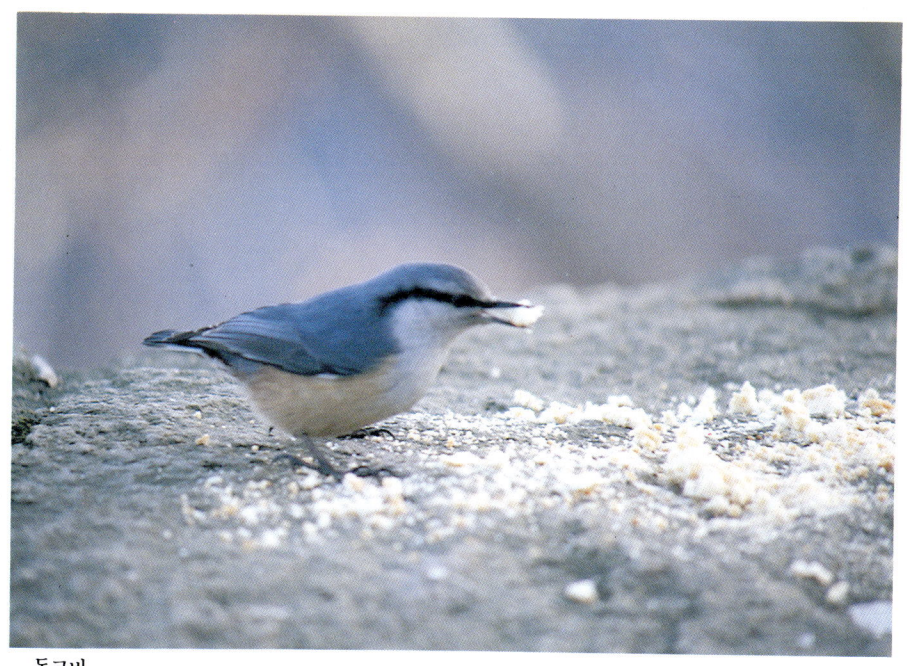

동고비

있었다. 그러나 지리산은 지난 1967년 국립공원으로 지정받은 이후 산림 보호가 철저해지고, 1972년부터는 금렵 조치가 내려짐으로써 다시 동물들의 낙원으로 되살아나기 시작했다. 평화를 맞이한 지리산은 야생 동물의 서식에 알맞은 울창한 수림과 먹이가 충분하여 이 산을 등졌던 많은 동물들을 다시 불러들이고 있는 것이다.

겨울철 눈이 내린 지리산길에는 무수한 야생 동물들의 발자국이 찍혀 있고, 골짜기 곳곳에는 이들의 배설물이 쉽게 목격된다. 또 지리산록의 현지 주민들 가운데는 곰의 습격을 받아 얼굴을 다친 사람이 있는가 하면, 멧돼지들이 떼를 지어 농작물을 파헤쳐 실농의 아픔까지 겪기도 한다.

지금까지 학계에 조사 보고된 지리산 서식 동물은 포유류가 15 과 41종, 조류가 39과 165종, 곤충류가 215종 등 모두 421종이다. 포유류는 멧돼지과 1종, 사슴과 4종, 소과 1종, 족제비과 5종, 반달 곰과 1종, 개과 3종, 고양이과 3종, 산토끼과 1종, 다람쥐과 2종, 고슴도치과 1종, 닷쥐과 2종, 두더지과 1종, 관박쥐과 1종, 애기박쥐 과 9종 등이 있다. 또 조류는 까마귀과 7종, 찌르레기과 1종, 꾀꼬리 과 1종, 참새과 1종, 멧새과 12종, 종다리과 5종, 할미새과 5종, 동고 비과 1종, 박새과 4종, 때까치과 3종, 여새과 2종, 직박구리과 1종, 할미새사촌과 1종, 딱새과 7종, 휘파람새과 9종, 지빠귀과 14종, 굴뚝새과 1종, 제비과 4종, 물까마귀과 1종, 팔색조과 1종, 칼새과 1종, 쏙독새과 1종, 파랑새과 1종, 물새과 4종, 딱다구리과 5종, 두견 이과 3종, 올빼미과 5종, 매과 17종, 독수리과 1종, 황새과 3종, 도요 과 9종, 백로과 10종, 오리과 9종, 비둘기과 1종, 물떼새과 5종, 느시 기과 1종, 두루미과 3종, 뜸부기과 2종, 꿩과 3종 등이 있다.

　　이들 새 가운데에는 울음 소리에 따라 이름을 붙인 꿍꿍이, 멩멩 이, 딱까치라는 새가 있는가 하면 "씹죽씹죽굴" 하고 운다고 하여 '씹죽씹죽구르새'라고 부르는 새도 있다.

　　포유 동물 가운데 천연기념물로 지정된 사향노루(제216호), 하늘 다람쥐(제328호), 반달가슴곰(제329호), 수달(제330호) 등과 대륙 사슴, 오소리, 목도리담비, 표범, 청설모, 붉은박쥐 등이 학계의 관심 을 모으고 있다. 사향노루와 반달가슴곰, 수달 등의 천연기념물은 전란과 밀렵으로 한때 완전히 자취를 감춘 것으로 알려지기도 했 으며, 지금도 일부 학계에서는 거의 멸종 상태라는 주장을 하고 있다.

　　사향노루는 만병 통치약, 정력제로 특효가 있다는 사향 때문에 언제나 희생의 위험에 처해 있는데, 지난 1978년 '지리산 사향노루 보호위원회'(회장 우종수)가 조직되어 보호 활동을 펴고 있다. 지리산 서북단인 만복대와 노고단, 동쪽 끝인 웅석봉 등지에 서식하고 있는 것으로 알려진 이 사향노루는 지난 1990년 달궁 마을의 한 주민이 덫으로 사로잡은 일도 있다. 지리산에 사향노루가 다시 뛰놀고 있는 것은 틀림없는 사실로 보인다. 그러나 사향노루는 워낙 동작이 민첩하고 높은 암벽 지대에 살기 때문에 우리들의 눈으로 목격하기는 쉽지가 않다.

세계적으로 멸종 위기에 처해 보호론이 강력하게 대두되고 있는 수달은 경남 함양군 마천면에서 산청군 생초면에 이르는 약 20킬로미터의 엄천강에 살고 있다. 지난 1979년 3월 야생 동물 보호협회의 현지 조사에 따르면 이곳에 수달 100여 마리가 집단 서식하고 있다는 것이다. 그러나 일본 NHK와 MBC 취재반이 촬영을 시도했지만, 배설물 등의 흔적만 발견했을 뿐 실패하였다. 수달은 양질의 모피 때문에 일부 주민의 밀렵 대상으로 언제나 위기에 처해 있는 상태이다.

반달곰은 한때 지리산에서 완전히 자취를 감춘 것으로 알려지기도 했으나, 지난 1978년 한국일보 야생 동물 취재반이 천왕봉 동쪽인 산청군 삼장면 해발 900미터의 무명 능선에서 두 마리의 아기곰을 촬영하는 데 성공했다. 또한 반달곰은 지리산 북부 오지 산간 마을인 오봉리 또는 광점동 등의 주민들이 서식 사실을 강력하게 주장하고 있다. 이들은 반달곰과 가끔 조우(遭遇)한다면서 그 경험담을 들려 주기도 한다. 특히 산청군 시천면 중산리와 내대리 주민 가운데 곰의 공격을 받아 크게 다친 사람도 있다.

장대 무변한 지리산은 이제 식물의 왕국이자 동물들의 왕국으로 또한 되살아나고 있다. 지리산뿐만 아니라 우리나라에서 완전히 사라진 것으로 알려지고 있는 호랑이가 지리산에 살고 있다고 주장하는 지리산 사람들도 있다. 로터리 산장과 세석 산장, 치밭목 산장 관리인이 그들인데, 특히 법계사 아래쪽에 있는 로터리 산장에선 호랑이의 접근을 눈으로 확인하고 그 발자국을 사진으로 찍어 놓기까지 했다. 그러나 이러한 주장이 있기는 하지만 호랑이의 지리산 서식은 아직 공식적으로는 인정받지 못하고 있다.

인간과 자연 세계, 산림과 동물이 공존하는 지리산의 품이야말로 우리나라 땅 위에선 가장 넉넉하다. 그러나 지금도 지리산 자락 곳곳에는 사람들이 야생 동물들을 몰래 잡기 위한 덫이 널부러져 있고, 기온따라 높은 곳으로 이동하는 뱀들을 송두리째 사로잡기 위해 그물을 설치하는 경우도 있다. 지리산은 사람의 산이다. 그러나 동물도 식물도 사람들과 더불어 공존할 권리가 있다. 아니, 사람들이 이 산에서 동물도 식물도 함께 평화로운 생명을 이어가게 오히려 보호함으로써 자연의 섭리대로 더 넉넉하고 건강한 삶을 누릴 수 있는 것이다. 지리산이 식물의 왕국이자 동물의 왕국이 될 때 비로소 인간의 왕국도 될 수 있을 것이다.

인문 지리

광명에서 반역까지

우리나라의 산은 그 자체가 역사이다. 예부터 우리 조상들은 산과 더불어 삶을 꾸려 왔다. 산이 있는 곳에 보금자리를 만들고, 산기슭에서 의식주를 해결했으며 산에 기대어 고락을 함께 했다. 곧 산의 발자취가 우리의 역사요, 우리 겨레의 발자취가 또한 산의 역사인 것이다. 지리산은 더욱 그렇다. 그 큰 덩치 때문에 이 산은 우리의 민족적, 국가적인 역사의 무대가 된 것이다.

지리산 주봉인 천왕봉은 광명신성(光明神聖)의 뜻이 있다고 한다. 노산 이은상은 "백두산 위에 있는 천지(天池)의 하늘(天)이나 지리산 상봉 천왕봉의 천왕(天王) 또 금강산, 묘향산, 치악산의 최고봉에 한결같이 붙은 비로봉의 비로(毘盧)는 그 표시된 한문 글자는 다 다르지만, 그 글자 껍데기의 옷을 벗기고 들여다보면 알맹이는 모두 다 같이 '불' 그것뿐이다"라고 썼다. 곧 높은 산 이름은 우리 겨레의 옛 신앙인 '광명'을 나타낸다는 것이다.

지리산은 예부터 금강산, 한라산과 함께 삼신산(三神山)의 하나

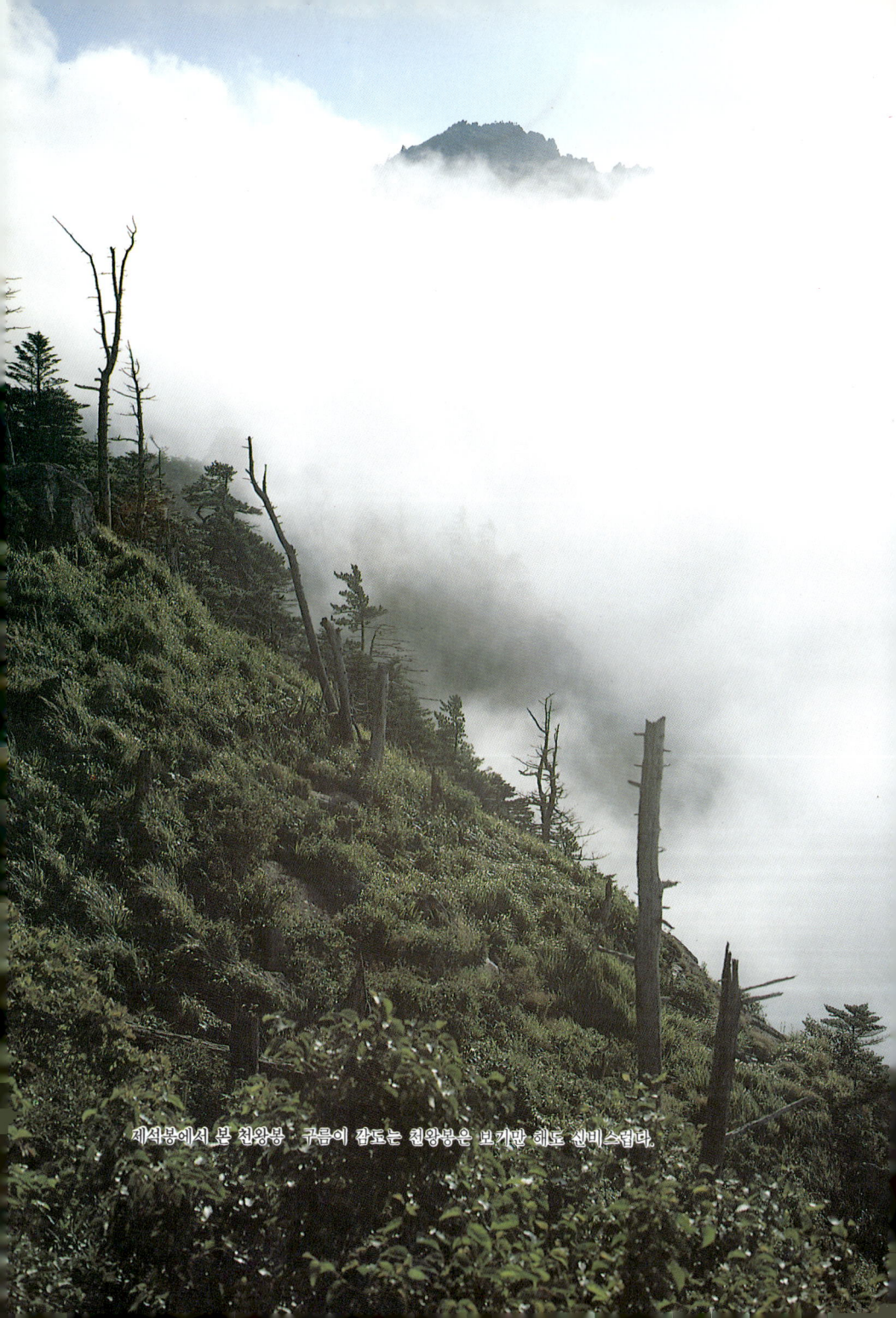

제석봉에서 본 천왕봉 구름이 감도는 천왕봉은 보기만 해도 신비스럽다.

로, 또 신라 때부터는 5악 가운데 하나인 남악(南嶽)으로 불리면서 민족적 숭앙을 받아 온 민족 신앙의 영지였다. 「삼국사기」는 신라 때 시조 박혁거세의 어머니 선도 성모를 지리산의 산신으로 봉안, 국가의 수호신으로 받들고 나라에서 중사(中祠)의 예로 봄과 가을에 제사를 올렸다고 기록하고 있다. 또 이승휴의 「제왕운기」에는 고려 시대에도 신라의 제도를 본떠 태조 왕건의 어머니 위숙왕후를 지리산의 산신으로 봉안하였다고 기록돼 있다. 이 제도는 조선시대 말기까지 이어졌다.

이능화의 「불교통사」는 태고 때 천신(天神)의 딸 성모 마고가 지리산에 하강, 딸 여덟 명을 낳아 무당으로 길러 팔도에 보내 민속을 다스리게 했다는 무조설(巫祖說)을 쓰고 있다. 또 김종직의 「유두류록」에는 석가여래의 어머니 마야 부인을 산신령으로 모셨다는 언급도 하고 있는데, 현재에도 천왕봉 동남쪽의 중봉골을 일명 '마야 계곡'으로 부르고 있다.

지리산은 또 여러 가지로 불려 온 이름에서 아쉬운 대로 어렴풋한 역사를 짚어 볼 수 있다. 지리산의 다른 이름은 두류(頭流), 방장(方丈), 지리(地理 또는 地利) 등 다양하다. 「동국여지승람」은 백두산의 산맥이 뻗어내려 여기에 이른 것이라고 하여 두류산이라 한다고 썼다. 그러나 '두류'란 산세가 멀리 넓게 둘러 있는 것을 뜻하는 순우리말 '둘러' '두루' '두리'의 한자 음사(漢字音寫)로 보는 일부 학자의 견해도 있다. 지리산은 또 삼신산의 하나인 방장산으로 불리기도 했다. 한편 이성계가 명산을 찾아다니며 기도를 드릴 때 지리산에서만 유독 소지가 오르지 않았다고 하여 불복산 또는 반역산이라 부른 것이나, 빨치산의 소굴로서 군경 토벌대와의 격전장이 되었던 1950년대 초기에는 적구산이란 이름까지 달았던 것에서 이 산의 역사의 한 편린을 엿볼 수 있다.

지리산 이름에 대한 가장 오래 된 기록은 쌍계사 대웅전 앞뜰에서 있는 진감 선사 대공탑비(국보 제47호)이다. 신라 정강왕 2년 (887)에 최치원이 쓴 이 비문 가운데 "유당신라국 고지리산쌍계사"라 새긴 부문이 있는데, 지리산을 "智異山"으로 표기하고 있다. 또 실상사의 수철비에도 "智異山"으로 새겨 놓았다. 그러나 삼국시대의 모든 전적(典籍)을 동원했을 「삼국사기」에는 "地理山"으로 기록하여 주목된다. 이보다 140년 늦게 편찬된 「삼국유사」에는 다시 "智異山"으로 썼고 조선시대에 편찬한 「고려사」는 「삼국사기」의 '견훤전'에 나오는 "地理山"을 "智異山"으로 고쳐 썼다.

한편 불교 관계 문헌에는 이 산을 문수보살의 도량이라 하여 문수사리(文殊師利)의 '利'를 따서 "地利山"으로 적은 경우도 있다.

마한 피란으로 개산

지리산의 개산(開山)은 언제인가. 이 산의 역사를 밝혀 줄 개산 학설은 아직 정립돼 있지 않다. 지리산에서 30여 년 동안 인문 사적을 개인적으로 추적해 온 향토사학자 김경렬은 전북 남원군 산내면 달궁 마을 일대의 마한(馬韓)의 피란 도성(都城)이 이 산의 개산을 푸는 열쇠라고 주장했다.

"한반도 북방의 기마족들이 무리를 지어 남하할 무렵, 세력이 약해진 마한의 한 왕이 난을 피하여 지리산으로 들어왔다. 이 왕은 서북쪽에서 새로 일어난 온조왕의 백제 세력에 죄어들고, 동남에서는 가야, 신라 세력의 전신이었던 변한과 진한에 쫓겨 지리산으로 들어와 도성을 쌓았다. 그 지역이 오늘의 전북 남원군 산내면 덕동리를 비롯한 달궁, 정령, 황령, 부운, 반선, 심원 등 30리에 뻗친 깊숙한 골짜기이다.

이 가운데 '달의 궁전'을 세웠던 곳은 오늘의 달궁 마을이 되었고, 도성을 쌓는 일을 감독했던 황장군과 정장군의 수비성은 각각 그들의 성을 따서 황령과 정령으로 불리고 있다. 그로부터 2천 년의 세월이 흘렀다."(김경렬 지음 「다큐멘터리 지리산」 2권)

김경렬이 지난 1988년에 펴낸 이 책은 그 근거로 서산 대사가 황령 아래편에 있던 절 황령암에 대해서 쓴 「사기(寺記)」를 제시했다.

"…동해 가운데 한 산이 있으니 곧 지리산이다. 이 산 북쪽의 봉우리를 반야봉이라 부른다. 반야봉 좌우에 두 봉우리가 있는데, 황령과 정령이라 한다. 옛날 한나라(중국) 소제(昭帝) 3년(기원전 78)에 마한의 왕이 진한과 변한의 난을 피하여 이곳에 와서 도성을 쌓을 때 황, 정 두 장수에게 일을 맡겨 감독하게 하였다. 도성이 완성된 뒤 고개 이름을 두 장수의 성을 따서 각각 황령과 정령으로 불렀다. 도성은 그로부터 72년 동안 보전하였다.…"

김경렬은 지난 1987년 11월 6일 달궁 마을 이장 김수곤 부부를 앞세우고 서북 능선 정령 부근에 올라 일군의 옛 마애 석상들을 찾아냈다. 이 조각상들은 둥글넓적한 얼굴, 두툼한 입술, 펑퍼짐하면서도 우뚝한 주먹코로 얼굴 전체의 윤곽이 선명한 데다 키가 작달막했다. 김경렬은 "정령의 이 조각상들이 한결같이 어떤 통한의 비장감과 인고의 투박함을 담고 있어 피란 도성의 인물들임을 실감할 수 있다"고 주장했다. 그는 또 지난 1987년 3월 17일 달궁 마을 토박이 정종근 노인으로부터 다음과 같은 증언을 들었다고 한다.

"1928년 7월 대홍수 때였다. 심원 계곡에서 쏟아져 내린 물이 달궁 마을을 덮쳤다. 다음날 마을 200미터 아래쪽에서 냇물에 휩쓸려 패인 왕궁터를 보고 모두가 놀랐다. 거기서 나온 다섯 아름의 귀목나무 그루터기와 새까맣게 변한 감나무는 둘레가 네 아름이 넘었는데 썩지 않고 있었다. 직경 1.5미터 정도의 질그릇 시루 하나, 청동제로 보이는 숟가락 수십 개, 동경(銅鏡) 두

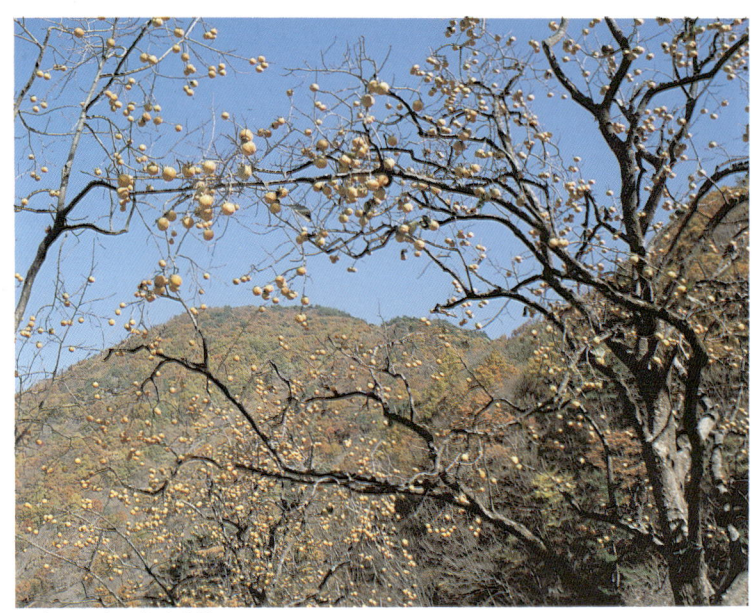
뱀사골 입구의 감나무

개, 활촉과 같은 쇠붙이들이 헤쳐진 땅속에서 나왔다.…”

이러한 달궁의 '마한 피란 도성설'은 아직 설(說)의 단계 범주를
벗어나지 못하고 있다. 그 밖의 보다 명확한 사료는 아직도 찾지
못한 상태이기 때문이다.

마한의 피란 도성설 진위 여부를 떠나서라도, 지리산의 개산 역사
는 약한 사람들이 쫓겨나 찾아든 피란처로서 시작이 되었을 가능성
이 높아 보인다. 사료적인 뒷받침이 보다 명확한 것이 지리산 유일
의 왕릉으로 전해지고 있는 양왕릉(傳 구형왕릉)이다. 또 임진왜
란, 동학란, 여순반란의 패잔병과 6·25전쟁 전후의 빨치산에 이르기
까지 지리산은 힘이 없고 약한 사람들을 가슴에 품어 주었다.

양왕릉의 수수께끼

지리산의 수많은 산봉우리 가운데 하늘을 상징한 천왕봉을 제외하면, 인간 사회의 왕을 대명사로 한 봉우리는 오직 왕산(王山, 923미터) 하나뿐이다. 왕산은 엄천강을 끼고 경남 산청군 금서면 화계리 남쪽에 우뚝 솟아 지리산 동북부의 일각을 이루고 있다. 바로 이 산의 기슭에는 우리나라 유일의 '한국식 피라미드'인, 돌을 계단식으로 쌓아 올린 큰 돌무덤이 있다.

경사진 산비탈을 그대로 이용하여 크고 작은 돌들을 쌓아 올려 만든 이 무덤은 그 외양부터 아주 독특하다. 계단은 7단으로 높이가 7.15미터이며 최하단의 길이는 20.6미터이다. 또 전면의 4단 중앙에 너비 40센티미터, 높이 40센티미터, 길이 68센티미터의 감실이 있는데, 조금 떨어진 곳에서 보면 그냥 뻥 뚫린 구멍같이 보인다. 이 감실은 신주나 성체를 모셔 두는 방이라고도 하고, 영혼이 쉬는 곳이란 말도 전해 온다.

이 색다른 형태의 돌무덤이 왜 이런 모습으로, 이 골짜기에 외롭게 자리하고 있을까? 그것이 지난날에 이곳을 찾았던 사람들의 한결같은 의문이었다. 그러나 지금은 돌무덤의 주인을 분명하게 밝힌 비석이 세워진 것은 물론, 무덤과 관련된 여러 가지 부속 건물들과 시설물들이 자리하고 있다.

돌무덤 앞의 비석에는 무엇보다 "가락국 양왕릉(讓王陵)"이라고 분명하게 새겨 놓았다. 이 때문에 이 무덤이 지리산 유일의 왕릉으로 자리하게 된 것이다. 그렇다면 양왕은 누구인가?

신라에 나라를 넘겨 준 왕이라고 하여 양왕(讓王)이라 불린 주인공은 가락국 마지막 왕인 10대 구형왕(仇衡王)이다. 왕산 기슭의 돌무덤 주인공이 과연 구형왕인지는 확실한 학계의 정설 뒷받침이 없기는 하지만, 예부터 그 설이 전해 왔기 때문에 한때는 '전(傳)

구형왕릉'으로 일컬었고, 현재는 김해 김씨 문중에서 아주 확신을 갖고 성역화 사업까지 펼치고 있다.

이 무덤이 구형왕릉이란 사실은 200년쯤 전인 1798년 산청의 유생 민경원이 아래편 골짜기에 있는 왕산사 궤짝에 보관해 온「왕산사기」를 발견함으로써 처음으로 밝혀졌다.

"신라 문무왕이 재위 16년(676)에 신하를 보내어 구형왕릉과 왕산사를 중수케 했고, 고려 신종왕은 그의 4년(1201) 산음(산청) 현감을 시켜 왕산사를 보수케 했는데 임진왜란 때 불탔다.

조선 인조 2년(1624) 인종(印宗)이란 스님이 폐허가 된 왕산사를 다시 중수했고, 효종 1년(1650) 법영(法永)이란 스님이 폐허가 된 왕산사를 중수하고 구형왕의 위패를 땅에 묻었다. 이 행위를 목격한 같은 절의 탄영 스님이「왕산사기」를 지어 예부터 전해 온 유품과 함께 나무 상자에 간수하게 되었다."

「왕산사기」의 개략적인 내용이다. 여기서 유품이란 구형왕과 왕비의 영정, 녹슨 칼과 좀먹은 비단옷, 활 등으로 드러났다. 구형왕은 싸우지 않고 나라(가락국)를 신라에 넘겨 주고 지리산 왕산 기슭의 별궁(수정궁)으로 들어와 살았기 때문에 '나라를 넘겨 준 왕'이란 뜻의 양왕으로 불렸다는 설이 있다. 또 한편으로 구형왕은 이곳으로 일시 피란, 다시 힘을 길러 신라와 싸우다가 장렬하게 전사했다는 주장도 있다. 또 다른 주장으로는 그가 동생에게 나라를 물려 주고 왜국으로 건너가 그곳의 왕이 되었다는 설도 있다. 어쨌거나 수수께끼의 인물이다.

왕산의 돌무덤이 과연 구형왕릉인지에 의문을 제기하는 사람도 없지 않다. 그러나 김해 김씨 문중에선 이미 돌무덤 앞에 "가락국 양왕릉"이라 새긴 비석을 세웠고, 이 일대를 대대적인 성역화 사업으로 정화하고 덕양전 등의 관련 건물과 시설물들을 대거 설치해 놓았다.

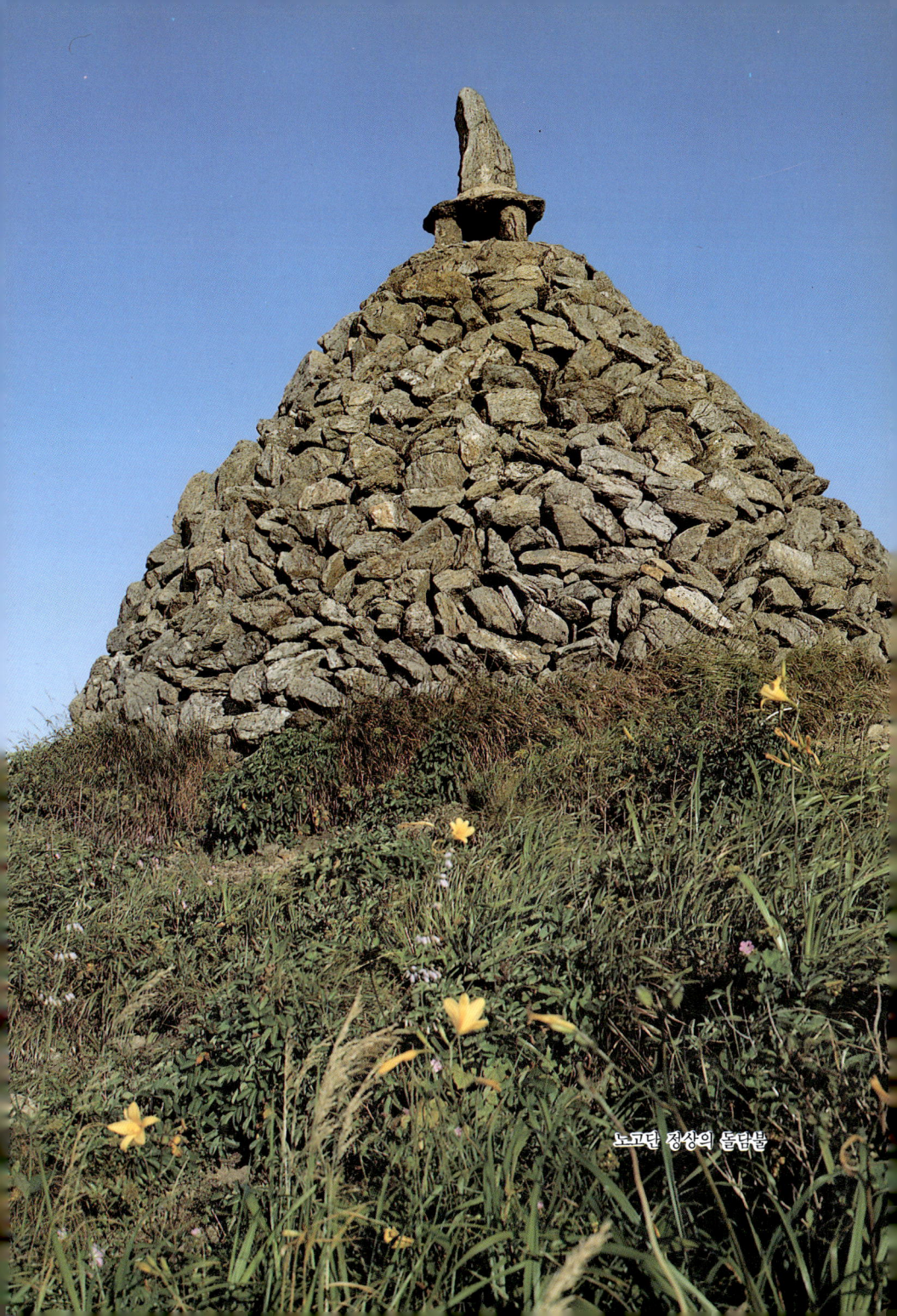

노고단 정상의 돌탑불

역사적인 사실로는 구형왕의 아들인 무력 장군이 신라의 삼국 통일 전초 작업을 벌였고, 손자인 서현 장군 역시 신라의 만노군 태수와 양주 도독을 지냈다 한다. 서현의 아들은 저 유명한 김유신 장군으로, 그는 구형왕릉에서 한때 시릉살이까지 했다고 한다. 현재 구형왕릉 아래편 100미터쯤 떨어진 자리에 김유신 장군이 활을 쏘던 자리라 하여 그의 사대비(射臺碑)를 세워 놓고 있다.

구형왕의 실체를 규명하는 것은 지리산 역사를 푸는 수수께끼의 열쇠일 수도 있다. 그것은 달궁의 마한 피란 도성설과 같은 전설적인 내용과 달리 가락국 10대 왕으로서 역사의 분명한 실체를 갖고 있기 때문이다. 또 이것은 일시적이나마 지리산의 왕도(王都) 건설을 뒷받침하는 큰 의미를 갖고 있기도 하다.

구형왕릉 주변에는 왕이 올랐다는 왕등재를 비롯하여 국골, 두지터, 얼음터란 지명과 토성 등이 있는데, 이것들이 곧 구형왕의 지리산 시대를 밝혀 줄 무대이자 열쇠가 된다고 주장하는 사람들도 있다. 그러나 지리산에 자리했던 왕조의 실체는 아직까지는 잡힐 듯 말 듯한 안개와 같은 것이어서 역사학자들의 학술적인 연구와 고증을 안타깝게 기다리고 있는 실정이다.

운상원의 옥피리

"지리산이 있고 운상원(雲上院)이 그 산자락에 있었다. 아시아 반도에 처음 불교가 전래되어 운상원에서 꽃을 피웠다. 운상원에서는 불교의 전래와 함께 온 한 가닥 현악기인 '이크탈'과 '분지'라는 피리를 토속 음악에 수용, 새로운 음악의 원류를 낳게 된다. 얼마 뒤 운상원은 칠불암(七佛庵)으로 이름을 바꾸고, 그곳에 만들어진 아(亞)자형 온돌은 긴 겨울을 나기에 쾌적한 공간으로

수도처가 되었다."(김경렬 지음「다큐멘터리 지리산」2권)

위의 짧은 글에서도 우리들은 지리산 역사의 신비와 문화의 독특한 자리매김을 엿볼 수 있다. 지리산의 역사는 불교 문화가 전해 주고 있다고 해도 지나친 말이 아니다. 불교가 융성했을 때는 이 산에 400여 사암(寺庵)이 자리했다는 기록이 김종직의「유두류록」에도 나타난다.

지리산에 현존하고 있는 크고 작은 사찰들은 나름대로 이 산의 역사와 문화의 발자취를 웅변해 오고 있다. 그 가운데 해발 830미터의 높은 곳에 자리한 칠불암은 오랜 역사와 함께 많은 수수께끼를 간직하고 있다. 지리산 주능선상인 토끼봉에서 지능선을 따라 남쪽으로 20여 리 내려온 곳에 서 있는 칠불암은 오늘의 행정 구역으로는 경남 하동군 화개면 범왕리에 속해 있다.

칠불암의 전신인 운상원은 그 기원이 지금으로부터 무려 1,800여 년 이전으로, 우리나라 최초로 불교의 등불을 밝혔고 국악의 원류인 범패 음곡의 발상지로 지리산 문화의 꽃을 처음으로 개화시킨 곳으로서 주목된다.

불교계나 학계에서 정식으로 인정하는 불교의 지리산 입산은 신라 진흥왕 5년(544)에 연기 조사가 창건한 화엄사와 연곡사이다. 신라가 불교를 공인한 지 16년 만의 일이었다. 고구려가 소수림왕 2년(372)에 불교를 받아들였고, 백제가 침류왕 1년(384)에 불경을 전해 받은 것과는 상당한 차이가 난다. 신라는 눌지왕과 소지왕 때 묵호자와 아도 스님이 숨어서 포교 활동을 했으나 실패했고, 법흥왕 15년(528)에야 비로소 이차돈의 순교로 불교가 공인되었다. 구례군의 화엄사와 연곡사는 신라 불교의 지리산 입산 1호로 국가가 불교를 공인한 지 16년 만에 발을 들여놓은 것이다. 그러나 칠불암 창건설은 이보다 엄청나게 앞선 1,800여 년 전인 가락국 김수로왕 시대로 거슬러오른다.

"인도 아유타국의 공주 허황옥 일행이 가락국 수로왕 6년(48) 7월 배편으로 건너와 수로왕의 왕비가 되었다" 「삼국유사」의 위 기록은 여러 가지 문헌과 설화 등과 이어져 칠불암의 창건 내력을 다음과 같이 밝혀 준다.

허황옥 공주는 수로왕의 왕비가 된 뒤에 왕자 열 명과 공주 두 명을 낳았다. 태자 거등 왕자는 왕위를 계승하고, 차자 석(錫) 왕자와 3자 명(明) 왕자는 어머니 허왕후의 성을 이어 허(許)씨의 시조로 봉해졌다.

남은 일곱 왕자는 허왕후의 오빠이며 아유타국의 승려인 보옥 선사(장유 화상)에게 인도되어 입산 수도의 길을 떠났다. 일곱 왕자는 가야산에서 3년 동안 수도를 하고 다시 수도산과 와룡산 을 거쳐 지리산에 들어와 운상원(雲上院)을 짓고 이곳에서 보옥 선사와 함께 2년 동안 수도를 계속했다.

수로왕 62년, 신라 파사왕 24년(103) 8월 15일 대보름날 밤이 었다. 왕자들은 외삼촌 보옥 선사와 함께 달을 지켜 보며 즉흥시 를 읊조렸다. 땅바닥에 동그라미를 그리거나, 깊은 상념에 잠겨 머리를 숙이고 있는 왕자도 있었다. 이때 철거덩 하는 쇳소리가 크게 울렸다. 보옥 선사가 별안간 내려친 지팡이 소리였다. 이 순간 일곱 왕자는 부처가 되는 현묘한 진리를 깨쳐 모두 성불했 다. 제4왕자에서 제10왕자가 다음과 같은 이름의 부처로 탄생했 다. 금왕광불, 금왕당불, 금왕상불, 금왕행불, 금왕향불, 금왕성 불, 금왕공불이 그것이다.

일곱 왕자의 성불 소식을 듣고 달려온 김수로왕이 운상암 터에 절을 짓고 일곱 왕자의 성불한 의미 그대로의 이름인 칠불암(七佛 庵)이라 불렀던 것이다.

이와 같은 창건 설화를 지닌 칠불암은 종래의 북방 불교 전래설을 뒤엎는 남방 불교 전래설을 뒷받침하는 것으로 학문적인 연구 대상이 되고 있다.

「삼국유사」의 '가락국기'는 비록 신화적인 요소가 많다고는 하지만, 허왕후가 가락국에 오면서 불교를 들여왔음을 암시하고 있다.

화엄사 각황전   우리나라 31본산 및 10대 사찰 가운데 하나인 화엄사는 신라 진흥왕 때 연기 조사가 창건했다. 국보 제67호.

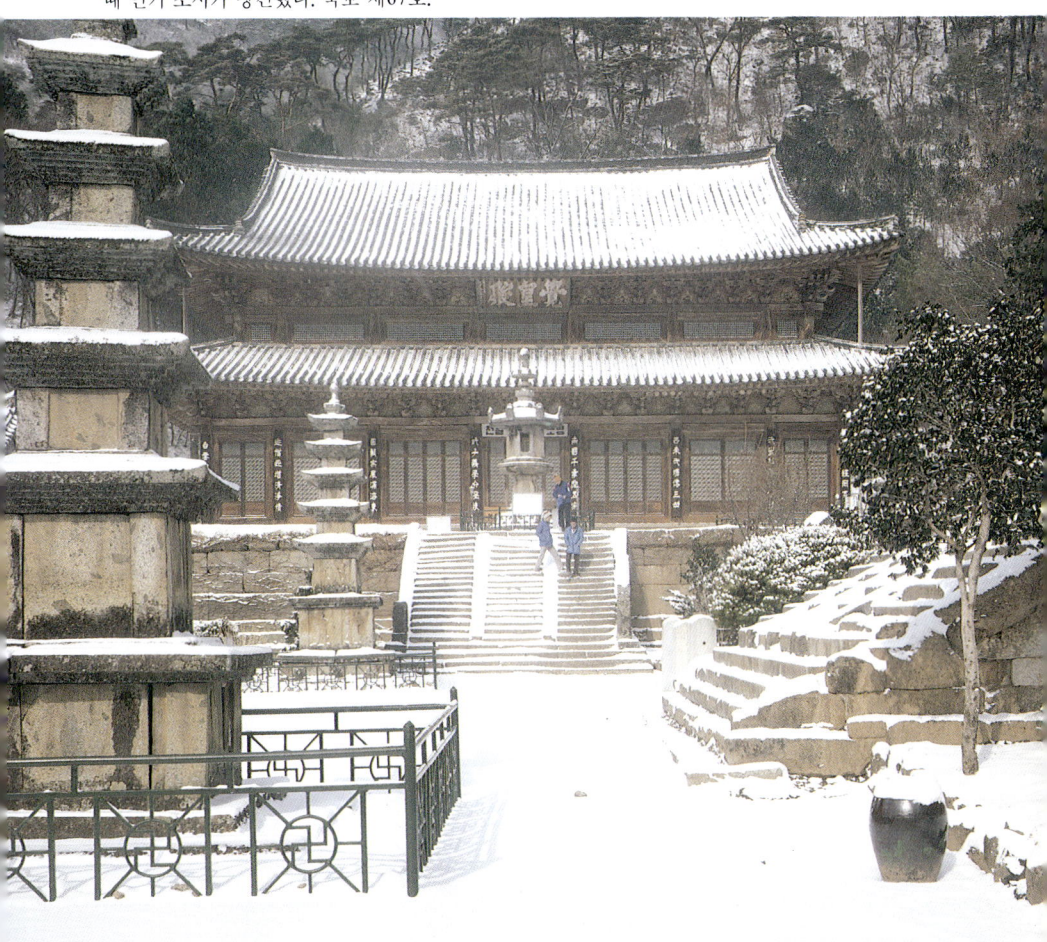

허왕후는 인도 아유타국 공주의 신분으로 가락국에 올 때 석탑을 가져왔고, 무엇보다 일행 가운데 오빠인 승려 보옥 선사가 있었다는 사실이 주목된다. 보옥 선사는 김해 지방의 장유사를 비롯, 칠불암 창건 설화와 우리나라 국악의 원류를 낳게 하는 등 많은 역할을 했던 것으로 전해지고 있다.

남방 불교 전래설을 뒷받침하는 것으로 수로왕이 궁터를 정하면서 16나한(羅漢)이 살 만한 곳이라고 말한 것과 나라 이름이 불교와 관련된 인도말인 가라(伽羅), 가야(伽倻), 아라(阿羅) 등으로 불린 것 등이 지적되고 있다.

보옥 선사가 목관 악기인 '분지'와 현악기인 '이크탈'을 지리산 운상원에서 불거나 탔다는 것은 우리 국악의 연원지를 규명하는 하나의 열쇠로 평가되고 있다.

"칠불암은 삼신동(三神洞)에 있는데, 옛이름은 운상원이다. 또한 진금륜(眞金輪)이라고도 부른다. 그 옛날 옥부선인(玉浮仙人)이 여기서 숨어 살면서 옥피리를 불었다."

「동국여지승람」 등의 이러한 설화는 「삼국사기」에서 구체적인 기록으로 체계화된다.

"신라 사람 옥보고(玉寶高)가 지리산 운상원에 들어가 거문고를 배운 지 50년에 새 곡조 30곡을 지어 이를 속명득에게 바쳤다. ……"

가락국의 보옥 선사와 「삼국사기」에 쓰인 옥보고는 이름이 비슷하며, 많은 사학자들도 지리산이 국악 연원지란 사실에 공감하고 있다. 특히 칠불암과 쌍계사가 있는 화개골은 또 하나 불교의 정통 음곡인 '어산의 묘(魚山之妙)'라는 범패 음곡(梵唄音曲)의 원류를 낳아 꽃피운 곳으로 유명하다. 옥보고는 남원군 운봉 지역에서 국악을 꽃피웠다는 학설도 유력하나, 남쪽의 운상원이란 주장도 제기되고 있다.

천년 온돌방과 차향(茶香)

　칠불암은 신라 통일기 이래 '동국제일선원(東國第一禪院)'으로 내려오면서 불교를 배척했던 조선시대에도 많은 고승들의 수도처가 되었다. 벽송(碧松), 부휴(浮休), 추월(秋月), 인허(印虛), 무가(無價), 월송(月松), 금담(金潭), 대은(大隱), 초의(草衣) 등이 그들이다. 지리산의 다른 사찰인 화엄사, 연곡사, 쌍계사, 단속사, 벽송사,

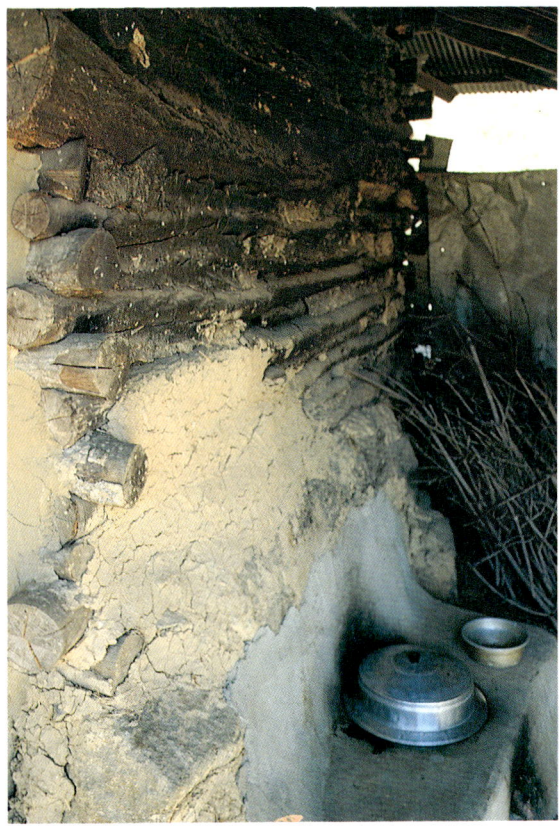

빗점골 삼정 마을의 어느 농가 굵은 통나무를 빗대어 쌓고 진흙으로 벽을 바른 것이 우리네 산골의 전형적인 삶터임을 알 수 있다.

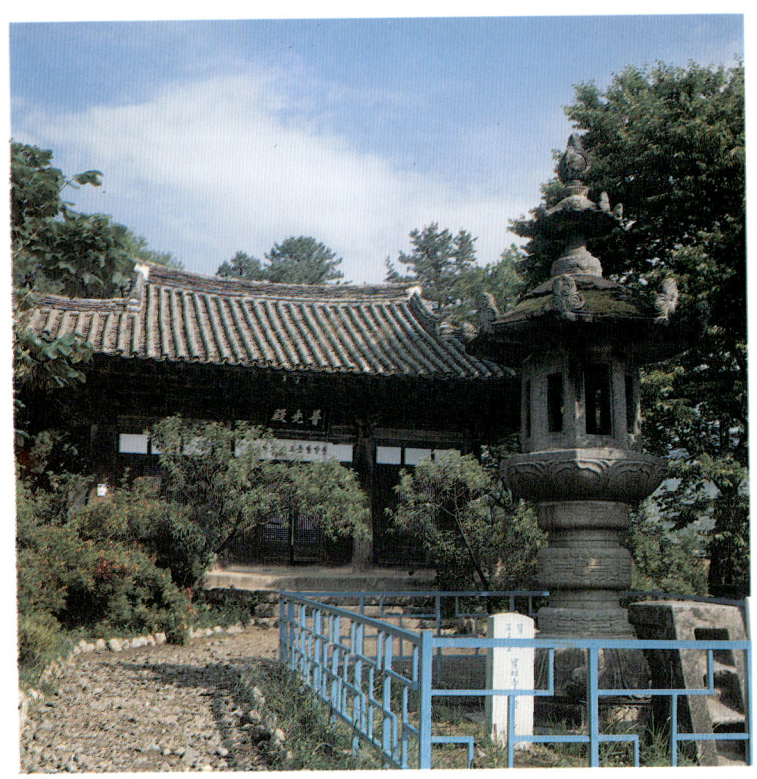

실상사 보광전과 석등 실상사는 지리산 자락에 있는 대표적 사찰 중의 하나이다. 특히 보광전 앞의 석등은 통일신라 후기의 대표적 석등으로 뛰어난 모양새를 이루고 있다. 보물 제35호.

실상사, 영원사 등의 여러 곳에서도 고승들의 발자취가 남아 있고, 지리산의 역사와 궤도를 함께 한 불교 문화를 꽃피웠다. 그 가운데 칠불암 한 곳에서만도 '아자방(亞字房)'과 초의 선사를 통해서 지리산 문화의 상징적인 특성을 이해할 수 있다.

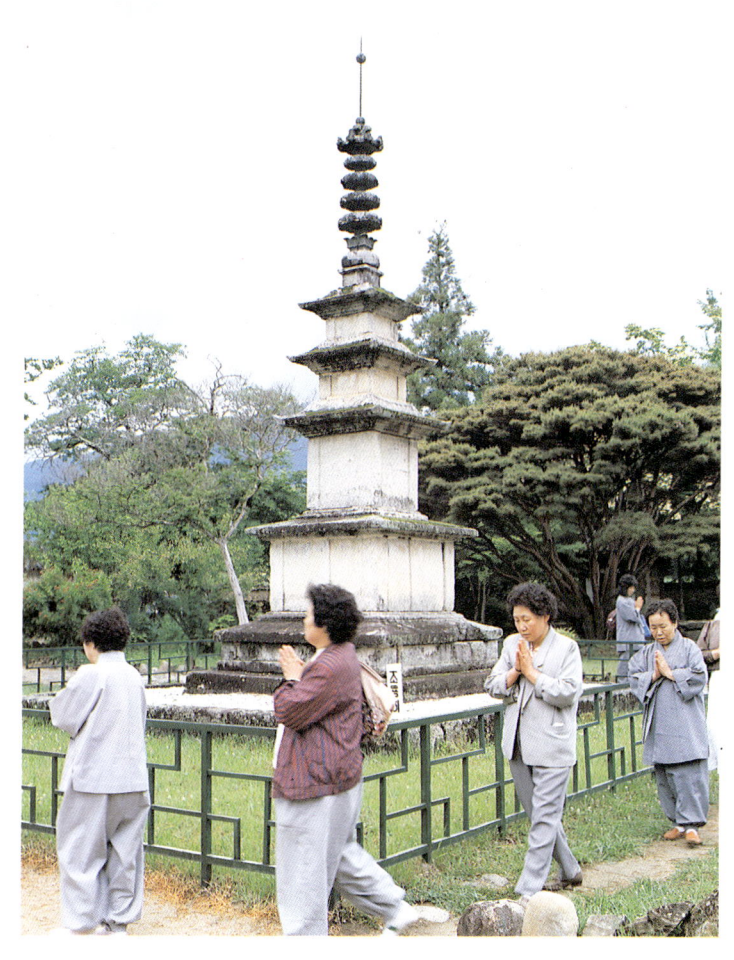

실상사 3층석탑 실상사 보광전 앞뜰에 동서로 마주보고 서 있는 2기의 석탑 가운데 하나로 신라시대 석탑의 일반 형식을 따르고 있다. 보물 제37호.

칠불암의 아자형 방 곧 '아자방'은 해발 830미터의 고지대에서 한번 불을 지피면 100일 가량 따뜻한 온도가 유지되는 과학적, 건축적 탁월함이 빛나는 방이다.

  아자방은 방의 온돌면(面)을 모두 평면으로 하지 않고 방 주위 부분을 아(亞)자형으로 높게 하여 선승(禪僧)들이 의자에 앉은 듯 둘러앉아 수행하는 데 편리하게 했다. 특히 불가사의한 것은 건축된 지 1,000여 년이 지나도록 한 번도 고치지 않고서도 방이 골고루 따뜻했다는 사실이다. 이 아자방은 1979년 세계건축협회에서 펴낸 「세계건축사전」에 수록되는 영예도 안았다.

  아자방은 길이 약 9미터, 너비 8미터의 규모로 중앙에 깊이 70센티미터의 십자로를 두고 있다. 사방 둘레의 높은 부분은 수평의 방으로 수도처(좌선처)가 되고, 낮은 부분은 통로로 쓰였다. 이 낮은 곳은 또 높은 곳인 방에 앉아 발을 내려놓게 설계되어 있다. 이중 구조의 이 온돌은 수평인 곳이나 수직인 곳을, 똑같은 온도를 유지하여 시간의 경과에도 변하지 않는 점에서 탁월한 과학성을 자랑했다. 한 번에 일곱 짐의 통나무를 세 개의 아궁이에 갈라 넣고 불을 지펴 놓으면 두서너 달 동안 고루 온기를 유지했다. 에너지 절약의 효시가 되고도 남는다. 아궁이는 허리를 약간 굽히면 들어갈 수 있는 높이로 고래가 5미터쯤 들여다보였고, 굴뚝은 50미터쯤의 거리에 두고 있다.

  아자방의 축조 연대는 두 가지 설이 있다. 「칠불선원연기」에는 "신라 지마왕 8년(119)에 담공 선사가 이 온돌을 만들었다"고 했고, 「동국여지승람」 가운데 '하동지'에는 "신라 효공왕(897~911년) 때 담공 선사가 금관 가야에서 와서 아자방을 만들었다"고 썼다. 어쨌거나 아자방은 천수백 년 동안 내려오기까지 한 번도 고래가 막히지 않았고, 집은 여러 차례 고쳤으나 방바닥은 그대로 전해 온 것에서도 그 신비성을 짐작할 수 있다.

칠불암은 임진왜란 때 왜군의 방화로 거의 소실되었다. 이때 지리산의 신흥사, 의신사, 화엄사, 연곡사, 쌍계사, 천은사, 단속사, 엄천사, 대원사 등 대소 사암 50개소 이상이 잿더미가 되고 많은 문화재들이 약탈되었다.

칠불암은 광해군 때 부휴 스님이 다시 중건했으나 순조 20년 (1830) 아자방 건물인 벽안당(碧眼堂)이 실화로 소실되었는데, 금담, 대은 두 스님이 또 복구했었다. 그러나 이 칠불암은 지난 1951년 1월 공비 토벌 때 국군의 방화로 아자방을 비롯한 모든 건물이 한줌의 잿더미로 변했고, 그 뒤 30여 년 동안 폐허로 버려져 있었다. 지난 80년대 초반부터 다시 복구 작업이 시작돼 이제는 '칠불암'이 아닌, '칠불사'로 자리한다. 아자방이 있는 벽안당 건물도 지난 1982년 봄에 복원되었다.

칠불암의 동안거, 하안거는 겨울 석 달, 여름 석 달 동안 하루 한 끼의 식사를 하고 그 사이에 작설차와 냉수를 마셨다. 이 칠불암에서 선을 익힌 많은 고승 가운데 초의 선사가 있다. 그가 기록한 '동차송(東茶頌)'에는 "지리산 화개동에는 차나무가 40, 50리에 걸쳐 자생하고 있다. 그 넓고 큼이 국내의 어느 곳과도 비교되지 않는다. 골짜기에는 옥부대가 있고, 그 아래 칠불 선원이 있다. 좌선하는 승려들이 차를 채취하여 끓여 마신다"는 대목이 있다.

지리산은 우리 생활 문화의 하나인 전통 다도의 고향이자, 차나무가 처음 심어진 곳으로 주변 사찰을 중심으로 전통 다도의 맥락을 이어 왔다. 지리산 차나무는 신라 흥덕왕 3년(828) 당나라에 사신으로 갔던 김대렴(金大廉)이 돌아오면서 그 종자를 가지고 와서 화개 골짜기에 심은 것에서 비롯되었다. 오늘날에도 화개골 일원에는 야생 차밭이 드넓게 분포하고, 여기서 많은 차가 생산되고 있다. 그러나 차 문화의 번성과 함께 지리산 현지 주민들은 차를 따서 나라에 바쳐야 하는 일 때문에 크게 시달렸다고 한다. 고려의 다인

(茶人) 이규보는 지리산 다소(茶所;차를 따서 나라에 바치는 곳)에 대한 다음과 같은 기록을 남기고 있다.

"화개 다소에서 찻잎을 따는 시기는 눈속에서 금빛 좁쌀알처럼 잎이 돋아나는 때이다. 그 어린 잎을 따서 번화한 송도(松都)에 2월까지 바쳐야 했다. 차를 딸 때는 감독관들이 집집마다의 다정(茶丁)인 늙은이, 어린이를 가리지 않고 독려하니, 높고 험준한 고개에 천 겹으로 어지러이 흩어져서 짐승에게 잡아먹히는 위험을 무릅쓴 채 깊은 골짜기에 엉킨 칡과 머루 덩굴을 뚫고 누벼가면서 한 잎, 두 잎을 손으로 따는 모험을 겪었다."

피로 물든 석주관

"나라 위해 모집에 응하고 주인 위해 내 몸을 잊었네. 중이라고 어찌 가리랴. 기꺼이 하인으로 일어섰도다. 핏물이 내를 이룸을 한 조각 돌에 사연을 새기니 그 절개, 그 충성 영원하리라."

임진왜란에 뒤이은 정유재란 때 피의 바다를 이뤘던 고전장(古戰場) 석주관에 세워진 '정유전입의병추념비(丁酉戰込義兵追念碑)'에 새겨 놓은 눈물겨운 사연의 한 대목이다.

지리산 주민들의 수난의 역사는 먼 옛날의 '마한 피란 도성설'이나 양왕릉의 대목에서도 짐작이 된다. 이 산은 실제로 나라가 어지러울 때마다 피와 굴곡의 역사 현장이 되었다. 가락국시대, 삼국시대를 거치면서 국경의 변방으로 싸움터의 한 무대가 되었다. 고려 때는 끊임없는 왜구의 침입과 민란으로, 조선시대에는 임진왜란과 정유재란 그리고 동학란으로, 건국 이후에는 여순반란과 6·25동란으로 지리산은 피의 전장터가 되었다.

지리산의 옛 질곡을 대표하는 역사의 현장이 구례군 토지면 섬진강변의 석주관과 남원군 운봉면 황산대첩비지, 여원치 등이다. 피아골 계곡 입구 연곡교에서 구례 쪽으로 3킬로미터 가량 가면 왕시루봉 능선이 마지막 자락을 흘러내린 곳에 석주관이 있다. 전남 사적 제106호인 이곳은 예부터 왜적을 막던 고전장이다. 현재는 정유재란 때 순절한 일곱 의사(왕득인, 왕의성, 이정익, 한호성, 양응록, 고정철, 오종)와 구례 현감 이원춘의 위패를 모신 칠의단이 있다.

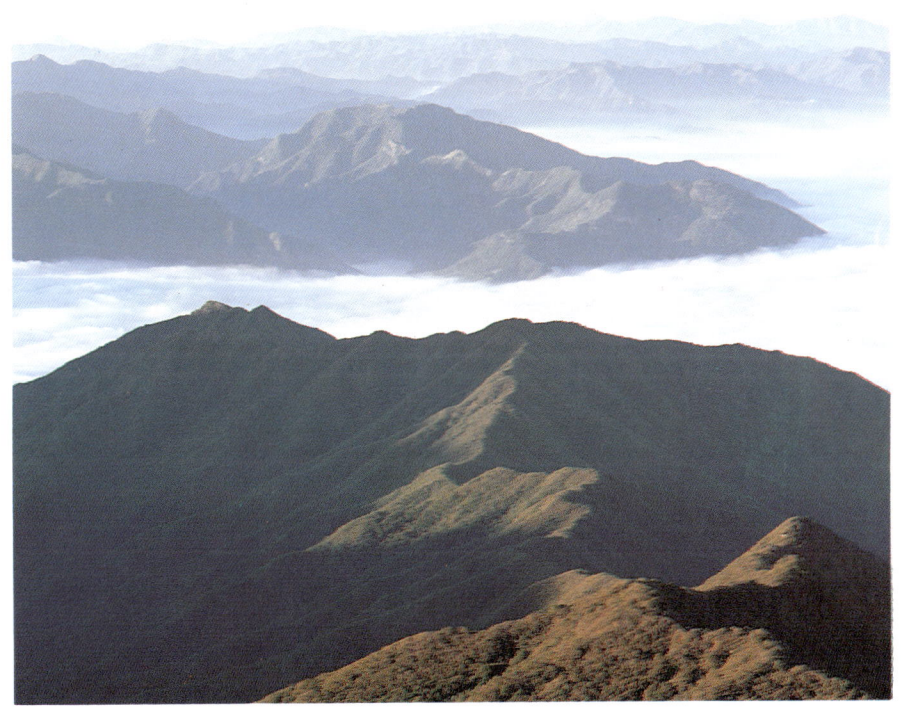

노고단에서 내려다본 형제봉 능선 가을이면 섬진강을 끼고 도는 산허리에 항상 구름이 걸려 있다.

또 그 아래에는 승병 153명과 일반 의병 3,500명을 모신 '전몰의병지위(戰沒義兵之位)'라 새긴 비석이 서 있고, 그 조금 아래 추념비를 세워 놓았다. 칠의단 40미터 아래편에는 능선의 동쪽에 왜구에 대한 한을 잊지 못해 죽어서조차 일본을 향해 누워 있는 여덟 의사의 가묘가 있고, 그 아래쪽에 영모정과 숭의각이 나란히 세워져 있다.

임진왜란 때 최고 격전지의 하나로 사상자의 피가 내를 이루었다고 하여 이곳의 안한수내는 지금도 혈천(血川) 또는 피내골이라고 불리고 있다.

정유재란은 일본이 십만의 병력을 앞세우고 침입함으로써 시작되었다. 선조 30년(1597) 8월 3일, 섬진강을 따라 북진한 왜군은 석주관 성에서 밀려나 남원에서 2차 방어선을 구축한 구례 현감 이원춘, 병사 이복남, 방어사 변응정, 조방상 김경로 등을 모두 전사케 했다.

현감이 순직했다는 비보를 들은 구례 주민들은 너도나도 의병 대열에 나섰다. 이때 구례현 지철리에 살던 선비 출신의 부호 왕득인(王得仁)은 주민과 자기집 하인 등 300명을 모아 석주관으로 진출, 왜군의 후속 부대를 괴롭혔다. 그러나 이 과정에서 왕득인은 장렬한 최후를 마쳤다. 그의 아들 왕의성(王義成)은 아버지가 전사하자 이정익, 한호성, 양응록, 고정철, 오종 등과 함께 제2차 의병을 일으켰다. 이때의 병력은 1차 때보다 더 많은 1,000여 명이었고, 인근 화엄사에 격문을 보내 승병과 군량미를 요청하자 승병 130명이 합세했다. 그들은 모두 석주관에서 순절했다.

1948년 10월 여순반란에서 시작하여 1955년 5월까지 계속된 빨치산과 군경 토벌대의 치열했던 격전은 지리산이 겪었던 최대의 비극이었다. 전쟁 당사자들인 군경과 빨치산 2만여 명의 고귀한 목숨이 지리산 계곡과 능선에서 죽음을 맞이했다. 또 그 틈바구니에서 숫자를 헤아리기 힘들 만큼 수많은 양민들이 아무 죄도 없이

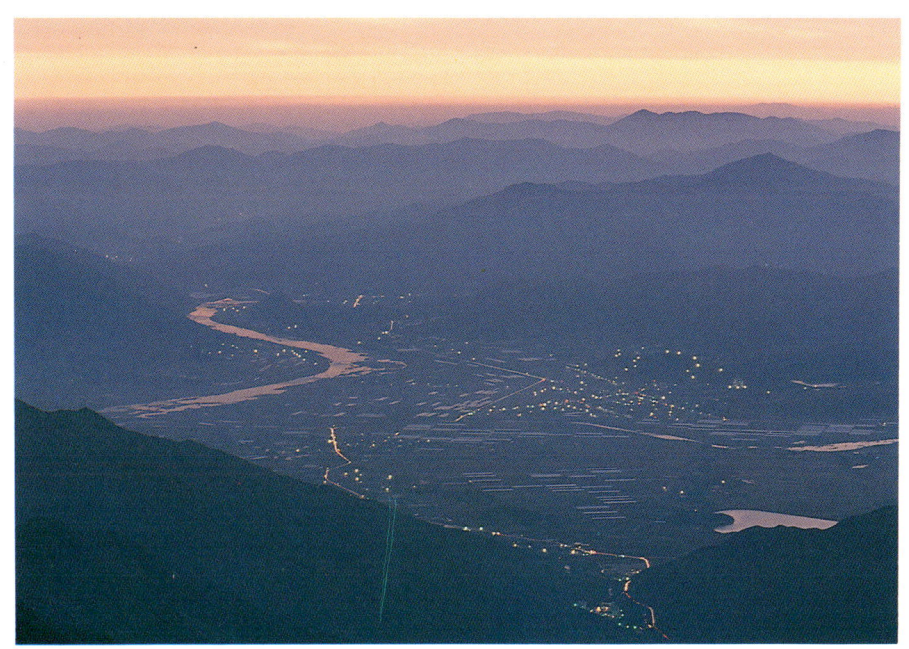

노고단에서 내려다본 섬진강과 구례 야경

희생되었다.

　김지회가 지휘하는 반란군 패잔병들이 지리산 문수 계곡으로 첫발을 들여놓은 것은 1948년 10월 25일이었다. 이틀 뒤 왕시루봉 서쪽의 이 계곡에서 국군 토벌대와 한 차례 충돌을 벌인 뒤 반란군은 지리산중으로 잠입했다. 그러나 반란군 패잔병 1,000여 명이 지리산으로 속속 입산, 지리산의 넓은 지형적 요새를 근거지로 하여 본격적인 유격 투쟁을 전개했다. 1949년 3월 1일 호남 지구 전투 사령부는 지리산 지구 전투 사령부(사령관 정일권)로 확대 강화되어 토벌 작전을 벌이기 시작했다. 같은 해 4월 9일 뱀사골 반선 부락에서 김지회, 홍순석 등 반란 지도부가 궤멸하자 5월 9일 지리산 지구 토벌대는 철수하게 된다.

그러나 '조선노동당'이 발족하고 6월에 '조국전선'이 결성되는 등 상황이 변화되면서 지리산 유격 투쟁은 재차 세력 확장과 촌락 기습을 활발히 벌였다. 더구나 그해 9월 총선거를 실시하자는 '평화 통일 선언서'에 대한 호응 투쟁으로 남로당 지도부는 이른바 '9월 총공세'를 감행했다. 지리산에는 이현상(李鉉相)을 병단장으로 한 제2병단 5개 연대가 유격 투쟁에 앞장섰다. 이때의 중요 사건으로는 거창 경찰서와 군청 점거, 합천읍 기습, 전라선 군용 열차 습격, 광양 20연대 본부 및 광양 경찰서 습격 등을 꼽을 수 있다.

남한 정부는 이 9월 공세에 맞서 9월 20일 남원에 '지리산 지구 전투 경찰대 지휘 총본부'를 설치하고, 10월부터는 군과 함께 본격적인 토벌 작전에 나섰다. 1950년 봄 지리산 유격대는 대원 숫자가 150명쯤으로 줄어들었을 만큼 막다른 골목에 처해 있었다. 그러나 곧바로 발발한 6·25전쟁은 인민군 패잔병과 부역 노동자들이 가세함으로써 유격 투쟁도 또다시 막강한 세력으로 전환, 치열한 전투를 전개하게 된다. 이현상의 '남부군'은 지리산 유격 투쟁의 상징적인 대명사로 불리게 되었다. 남부군이 지리산에 들어서면서 유격대 활동이 최고조에 달했고 촌락 기습 횟수도 늘어났다.

1951년 11월 26일 백야전 사령부가 남원에 설치되고 수도사단, 8사단, 서남 지구 전투 사령부 등의 국군과 경찰 병력이 다시 대대적인 지리산 동계 토벌에 나섰다. 제1기 작전은 12월 1일에서 15일까지 지리산을 집중 공격했고, 제2기는 12월 19일에서 1952년 1월 3일까지 전남북 지역을, 제3기 작전은 1월 9일에서 1월 31일 지리산과 기타 지역, 제4기 작전 역시 지리산과 인근 지역의 소탕에 주력했다.

1953년 5월 1일 정부는 지리산 지구에서 빨치산 토벌을 전담케 하는 '서남 지구 전투 경찰대 사령부'를 발족, 정예 4개 전투 연대를 투입했다. 이해 9월 18일 전설적인 남부군 총수 이현상이 빗점골에서 사살되고, 11월 28일에는 이영희가 산청군 신등면에서 사살되었다. 또 12월 1일부터는 국군 5사단과 서전사, 남부경비 사령부 3자가 합동으로 동계 토벌 작전을 벌이는데, 이 마지막 작전은 이듬해 5월까지 계속되었다. 이때 전남 도당위원장 박영발, 김선우 등이 국군 5사단 35연대에 의해 사살되고, 전북 도당위원장 방준표가 1월 18일 남덕유산에서 최후를 맞이함으로써 지리산 빨치산은 실질적인 종말을 고하게 된다.

지리산에 빨치산이 완전히 없어지고 평화의 시대가 열렸다고 정부가 공식 선포한 것은 1955년 5월 23일이다. 그러나 빨치산들의 투쟁과 군경의 토벌 작전 와중에 지리산 주변 양민들에 대한 집단학살 사건이 벌어져, 그 상처는 평화 시대를 맞은 것과 관계없이 치유될 기미조차 보이지 않았다. 양민 학살에 대한 명확한 진상규명과 후속 조처는 아직도 풀어야 할 과제로 남아 있다.

폭파돼 누워 있는 대첩비

지리산의 역사는 이 산이 안고 있는 유적이나 문화재들에서 그 편모를 알 수 있다. 왕산의 양왕릉, 구례의 석주관은 지리산 비극의 상징적인 유물이다. 그러나 지리산에서도 패배만이 아니라 짜릿한 승리도 있었다. 고려 말 이성계(李成桂)가 왜구를 섬멸한 황산대첩(荒山大捷)이 그것이다.

고려 우왕 때(1380년) 왜구가 500여 척의 배를 타고 진포구(현재의 충남 서천)에 들어왔다. 이들은 연안 마을에 상륙하여 무차별 살인, 방화, 약탈을 일삼았다. 고려의 군대는 최무선(崔茂宣)이 만든 화포로 왜구가 타고 왔던 선박들을 모두 불태워 버렸다. 배가 불타 귀국할 길이 없어진 왜구는 이때부터 옥천, 영동, 황간, 상주, 선산

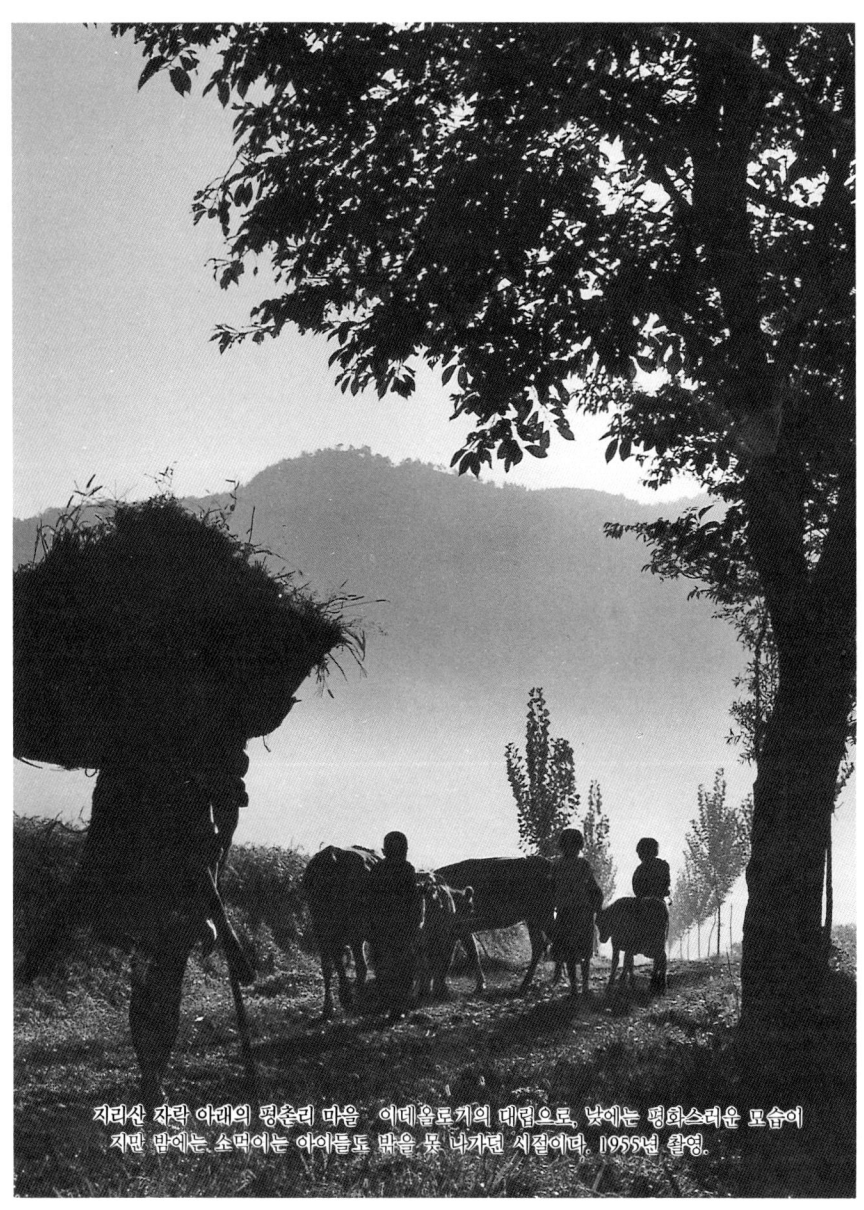

지리산 자락 아래의 평촌리 마을. 이데올로기의 대립으로, 낮에는 평화스러운 모습이
지만 밤에는 소덕이는 이야들도 밖을 못 나가던 시절이다. 1955년 촬영.

등지로 다니면서 가는 곳마다 폐허로 만들었다. 마침내 지리산까지 들어온 왜구는 함양 사근내역에서 군사 500여 명을 죽이고 고을마다 분탕질을 했다. 왜구는 다시 인월(引月)역으로 나아가 "장차 광주에서 말을 먹이고 북으로 진격하겠다"고 큰소리를 치니 민심은 날로 흉흉해 갔다.

고려는 이성계를 전라·경상도 도순찰사(都巡察使)에 임명, 왕복명 등 8원수(元帥)를 거느리고 왜구를 토벌케 했다. 이성계의 토벌군이 남원에 도착하니, 왜구는 여원치 넘어 운봉 고원을 사이에 둔 인월에 있다고 했다. 이성계는 운봉 동쪽 황산(荒山)에서 왜구를 섬멸할 계책을 세웠다. 이때의 전투 상황을 「신증동국여지승람」에서는 다음과 같이 기록하고 있다.

이성계가 이른 아침을 기하여 적과 싸우려 하자, 여러 장수들이 "적은 험한 곳에 의지하고 있으니, 그들이 나오기를 기다려 싸우는 것만 못할 것이다" 하였다. 이성계는 "나라를 위해 군사를 일으켰으면 적을 만나지 못할까 두려워할 것인데, 이제 적을 보고서도 치지 아니하면 되겠느냐" 하고 출정했다.

황산 서북쪽에 이르러 정상의 봉우리에 오르는데 적이 날카로운 창을 가지고 튀어나왔다. 이성계가 활을 50여 발 쏘아 적의 면상을 명중시키는데, 활을 당기기만 하면 죽지 않는 놈이 없었다. 적이 험한 산에 의지하고 거세게 대항했다. 이성계는 하늘의 해를 가리켜 맹세하고 이르기를 "겁이 나는 자는 물러가라. 나는 적에게 죽을 터이다" 하니 장사들이 감동하여 용기 백배했다.

적장 가운데 나이 겨우 십오륙 세 되고 이름이 아지발도(阿只拔都)라 하는 자가 있었는데, 이성계는 그가 용맹하고 날쌘 것을 아껴 사로잡으려 했다. 그러나 장사 이두란이 "죽이지 아니하면 반드시 사람을 상해할 것"이라고 했다. 이성계가 아지발도의 투구를 쏘아 맞히니 투구가 떨어졌고, 이두란이 그 기회를 놓치지 않고 사살하니 이에 적은 기세가 꺾였다. 이성계가 선두에 서서 적진으로 돌격하여 크게 격파하니 시냇물이 피못이 되었다. 처음에 적의 숫자는 아군의 10배가 되었는데, 겨우 70여 명이 살아 남아 지리산으로 도망쳤다. 이때 죽은 적의 시체가 골짜기에 쌓이고 냇물은 며칠 동안이나 핏빛이었다.

황산대첩에서 노획한 말이 1,600여 필에 이르렀던 사실에서 이 전투의 규모를 짐작할 수 있다. 이 뜻깊은 전승을 기리기 위해 세워진 '황산대첩비'는 조선 선조 10년(1576) 왕명에 따라 호조 참판 김귀영이 비문을 짓고 송인이 글자를 썼다.

대첩비가 서 있는 지점에서 서쪽 50여 미터에 보호각이 있고, 그 속에는 정으로 글자를 쪼아낸 암벽이 있다. 이 암벽에는 황산대첩 다음해인 1381년 이성계가 함께 전투에 참가했던 8명의 원수, 4명의 종사관 이름을 새겨 두었다. 그러나 이 대첩비와 암벽 각자(刻字)는 지난 1945년 1월 17일 새벽 일제(日帝)가 부끄러운 자신들의 과거를 묻어 버리려고 훼손해 버렸다. 곧 대첩비는 폭약으로 폭파했고, 암벽의 글씨는 정으로 쪼아 뭉개 버렸다.

현재 황산대첩비지에는 근래 다시 새로운 대첩비가 세워진 한편, 일제가 폭파하여 여러 조각이 난 처참한 모습의 원래의 대첩비는 누워져 있는 상태 그대로 보존하고 있다. 지리산에서 왜구의 만행과 그 만행을 덮어 버리고자 하는 일본인들의 또 다른 철면피한 모습을 생생하게 증언해 주고 있는 색다른 유적이다.

지리산 주봉 천왕봉에서 1,000여 년 동안 서 있으면서 우리 민족의 신앙으로 경배받아 왔던 성모 석상이 바로 이 황산 전투에서 겨우 살아 남아 패주하던 왜군들이 칼로 이마를 내리쳐 첫 수난을 겪었던 사실도 우리들이 결코 잊어선 안 될 역사의 한 자취이다.

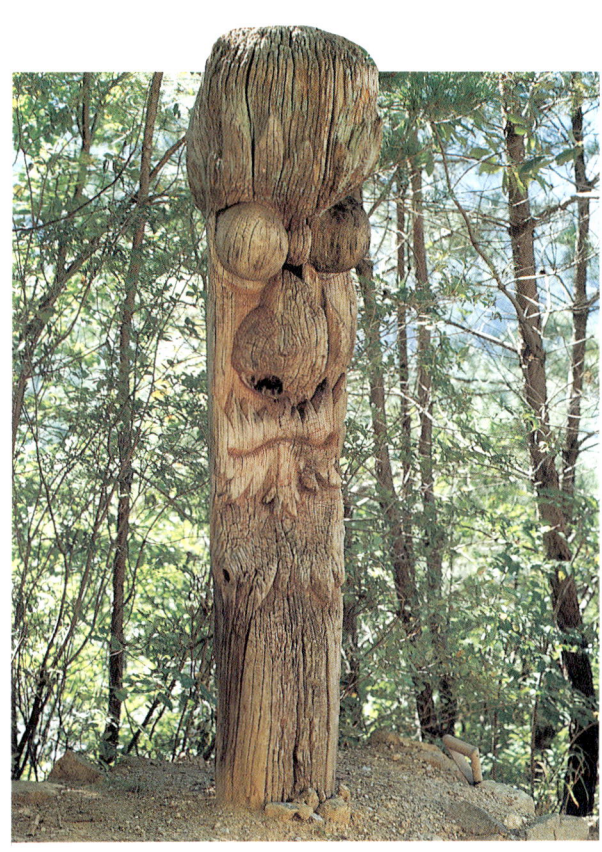

천왕봉 성모 석상은 여러 차례 수난을 거듭하는데, 특히 일제 때는 민중들의 무속적 신앙의 지주가 되는 것을 시샘하여 당국이 사당을 철거하고 성모상을 벼랑 아래로 굴러내려 버렸다. 그 뒤 천왕봉에 복귀한 성모상은 1945년 11월 지리산 마을의 한 주민에 의해 이불과 짚가마니 등으로 보쌈을 당했다가 다음해에야 겨우 재차 천왕봉에 복귀했다. 그러나 이 성모 석상은 다시 천왕봉을 떠나게 되는데, 지난 1972년 5월 철야 기도를 마친 한 종교 단체 교인들이 목과 몸통을 분리시켜 증발시켜 버린 것이다.

이 성모 석상은 꽤 세월이 흐른 1986년 6월 2일 진주시의 남양 석물에서 봉합 작업을 마치고 천왕봉 아랫마을인 중산리 785번지 천왕사(天王寺)란 조그마한 암자에 안치된다. 이 절의 주지 혜범 스님이 1986년 1월 12일 진주 비봉산 과수원에서 성모 석상의 머리 부분을, 그리고 같은 해 5월 9일 천왕봉 남쪽 500미터의 통신골에서 몸통 부분을 찾아낸 것이다. 높이 약 1.2미터, 너비 50센티미터의 앉은 자세로 두 손을 가지런히 모으고 있는 성모 석상은 천왕사 영구 안치를 고집하고 있는 혜범 스님과 원래의 자리인 천왕봉으로 복귀시켜야 한다는 두류산악회측의 줄다리기 사이에 놓여 있다. 두류산악회는 원래의 자리에 성모 석상을 안치하기 위한 철망 구조물까지 만들어 놓았다. 그러나 천왕사와 두류산악회의 팽팽한 대립과는 별도로 국립공원 관리공단이나 행정 당국은 지금도 이 소중한 문화 자산에 대해 팔짱만 낀 채 방관적인 태도로 일관하고 있다.

남명 조식과 매천 황현

장대한 지리산의 정기를 이어받아 이 산기슭에서 '지리산 정신'을 심고 퍼뜨린 역사적인 인물로 가장 빛나는 이는 남명 조식(南冥 曺植)과 매천 황현(梅泉 黃玹)이다. 지리산 동쪽 기슭의 덕천서원 (德川書院)과 서쪽 기슭의 매천사(梅泉祠)는 지금도 의연히 두 선생의 고귀하고 높은 뜻을 널리 펴고 있다.

남명 조식은 조선 유학(儒學)에서 정신학의 기둥으로 높이 평가된다. 그는 1561년 회갑이 되던 해에 합천에 있던 집과 토지를 버리고 빈손으로 지리산에 들어왔다. 그가 자리한 곳은 현재의 산청군 시천면 덕산동이다.

두류산 양당수를 예 듣고 이제보니
도화 뜬 맑은 물에 산영조차 잠겼어라
아이야 무릉이 어디메냐, 나는 옌가 하노라.

그가 진주에서 90리 길인 지리산록에 닿고 읊었던 글이다. 그는 이곳에서 산천재란 학문의 도장을 열고, 눈을 감을 때까지 10년 동안 문도들을 가르쳤다. 남명은 일체의 벼슬을 마다하고 일생을 산림에 묻혀 살았고, 말년의 지리산 은거와 함께 지리산 정신을 서부 경남 주민들에게 깊이 새겨 주었다.

남명은 자신이 숭배하던 조광조 등 사람들이 기유사화 때 비참한 최후를 맞이한 것에 충격을 받고, 자연을 벗삼아 학문 연구에만 몰두했다. 그는 38세 때 이언적의 천거로 6품관을 제수받았으나 나아가지 않았다. 52세 때는 전생서주부, 53세 때는 사도사주부, 55세 때는 단성 현감, 66세 때는 상서원 판관에 임명되었으나 그는 한결같이 모두 사퇴했다. 남명이 66세 때 명종의 간곡한 부름을 거절하지 못해 서울로 올라가 치국(治國)의 도(道)를 상소문으로 건의하고 낙향한 것은 유명한 일화로 전해진다.

"왕과 신하는 붕우(朋友)의 관계지만 군왕은 선비의 심판을 받아야 한다"면서 "처사(處士)는 군왕과 관리 위에 서서 군왕과 관리의 비정을 비판하는 위치에 있다"는 민권(民權) 주장으로 큰 파문을 일으키기도 했다.

남명이 지리산록에 세운 산천재에는 훗날 의병 대장이 된 곽재우를 비롯하여 조종도, 정인홍, 김효원, 최영경 등 큰 인물이 된 이들이 수두룩한데, 성씨만도 48문중이나 된다.

남명 조식은 방안에 단정히 앉아 책을 읽다가도 마음이 흐트러지거나 졸음이 오면 "안으로 밝은 것은 경(敬)이요, 밖으로 끊는 것은 의(義)이다(內明者敬 外斷者義)"란 여덟 자를 새긴 칼을 어루만졌

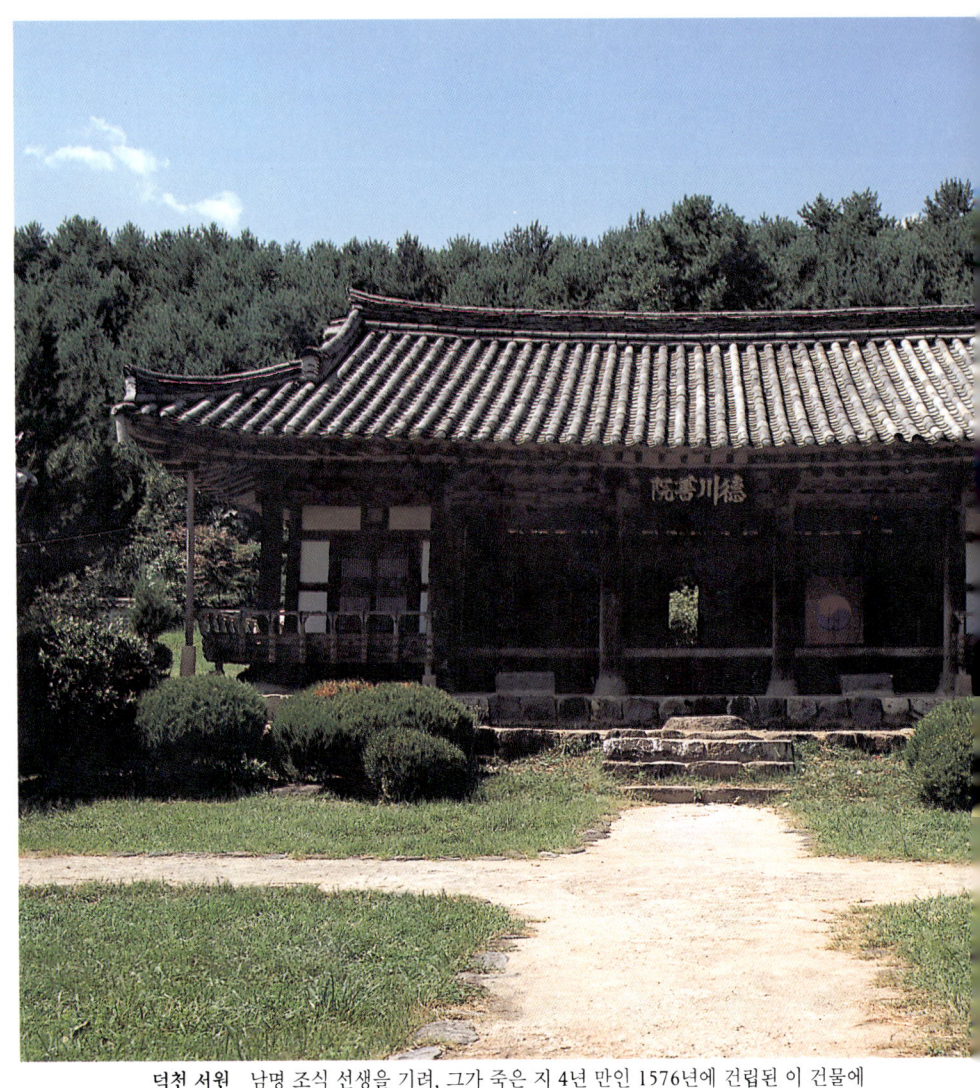

덕천 서원 남명 조식 선생을 기려, 그가 죽은 지 4년 만인 1576년에 건립된 이 건물에
는 남명의 위패와 그의 제자인 최영경의 위패가 모셔져 있다.

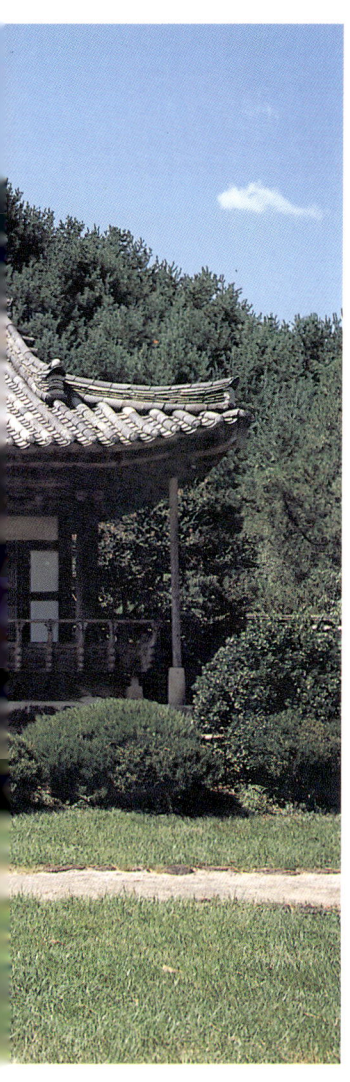

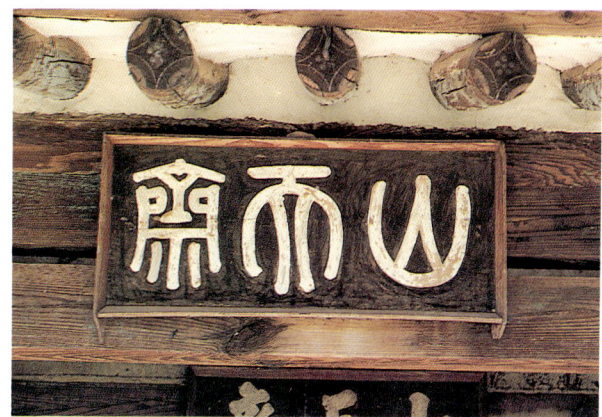

산천재 현판　남명이 지리산에 들어와서 학문을 폈던 산천재는 곽재우를 비롯한 훌륭한 인물을 많이 배출시킨 곳이다.

다. 이 경의(敬義)는 남명의 신조였고 학문의 목표였다. 그는 72세 때 눈을 감으며 제자들에게 "너희들에게 남길 말은 다만 경의 두 자가 있을 뿐이다. 경의는 해와 달이니라"란 유언을 남겼다.

남명은 "인성(人性)과 천명(天命)을 떠들어대기만 하지 말고 실행하는 데 힘쓰라"고 지행 일치(知行一致)의 행동 철학을 가르쳤다. 이 가르침대로 그의 제자들은 임진왜란이 일어나자, 다른 유학자들이 난을 피해 달아난 것과는 반대로, 창의의 기치를 들었다. 의병장 곽재우, 조종도, 정인홍 등이 바로 그들이다.

남명의 이러한 사상은 1862년의 진주 민란, 동학란 등 위정척사(衛正斥邪) 운동, 기미 독립 운동, 형평사(衡平社) 운동의 원동력으로 이어져 왔다. 그것이 곧 지리산의 정신으로 높이 평가된다.

남명 조식이 학문을 폈던 산천재는 그의 사후에 중수하여 현재까지 보존되어 있고, 남명 묘소 서쪽 2킬로미터 거리에는 그를 기려 세운 덕천 서원(德川書院)이 세워져 있다. 이 서원은 남명이 죽은 지 4년 만인 1576년에 건립되었으나 임진왜란 때 소실되었다. 그 뒤 문도들의 도움으로 다시 세워진 서원은 광해 1년(1609) 임금으로부터 '덕천 서원'이란 액호를 받았다. 이 서원은 외삼문(外三門)인 시정문, 동·서재, 강당, 내삼문, 사당(숭덕사) 등의 건물로 되어 있는데, 숭덕사 중앙에 남명의 위패가, 동편에는 제자인 수우당 최영경의 위패가 모셔져 있다.

한편 전남 구례읍에서 천은사 쪽으로 7킬로미터 가량 접어든 광의면 월곡리에는 매천 사당(梅泉祠堂)이 있다. 구례 지방 유지들이 매천 황현이 순절하자 성금을 거두어 세운 사당이다. 이 사당 앞에는 매천의 초라한 생가가 자리하고 있다. 매천 사당은 비록 주위 농가에 둘러싸여 볼품이 없는 모습이나, 이 사당과 함께 매천이 심었던 애국 충정과 교육 등 각 분야에 걸친 공훈은 또 다른 지리산의 정신으로 빛나고 있다.

매천 황현은 1855년 조선 철종 때 전남 광양에서 태어났다. 어려서 구례로 옮겨 온 그는 일찍부터 시문에 뛰어났고, 고종 22년 생원시에서 장원한 뒤 당시 문명이 높던 이건창, 강위, 정만조, 김택영 등과 가까이 지냈다.

구한말(舊韓末) 우리나라가 일본, 러시아, 청국의 세력 각축장이 되어 시국이 어지럽자 매천은 관직에 나가기를 포기하고 지리산 기슭으로 낙향했다. 그는 1905년(광무 9년) 을사보호조약이 체결되자 분을 참지 못해 중국에 망명하려고 했으나 여비가 없어 뜻을 이루지 못했다. 매천은 목숨을 끊지 못하고 구차하게 살아왔음을 서러워하다 1910년 한일합방이 체결되자 통곡을 하며 4수(首)의 절명시(絶命詩)를 남기고 자결했다.

그의 절명시(한시) 4수 가운데 마지막 2수를 우리글로 옮기면 다음과 같다.

> 짐승도 슬피울고 강산도 시름
> 무궁화 이 세상은 가고 말았다
> 책 덮고 지난 역사 헤아려보니
> 글아는 사람구실 어렵소 그려.
>
> 나라 위한 벼슬아치 아니다보니
> 이 죽음이야 인의(仁義)이지 충(忠)일 수는 없다
> 이 세상 끝맺음이 윤곡(尹穀)과 같담
> 진동(陳東)을 못따름이 부끄럽소이다.

매천은 나라를 잃게 되자 절명시를 남기고 자결했을 만큼 애국 충절이 곧았을 뿐만 아니라, 향리에서 신학문을 펴고 역사를 기록하는 등 많은 업적을 쌓았다. 특히 매천은 구례 출신 문하생인 권봉

수, 왕순환, 왕제소, 박해룡 등과 함께 각동 동재(洞財)로 '호양(壺陽)학교'를 세우고 여러 마을의 자제들을 모아 신학문을 교육하며 민족 의식을 고취시켰다. 이 호양학교가 지리산권에선 최초의 신학문 도장이었다.

매천의 또 다른 업적으로 「매천야록(梅泉野錄)」이 있다. 그는 고종 1년(1864)부터 융희 4년(1910)까지의 한말 비사를 7책 6권에 걸쳐 상술했는데, 이 「매천야록」은 근세사 연구의 귀중한 사료가 되고 있다.

"매천은 충절만이 자랑일 수 없다. 그는 시가(詩歌)도 으뜸이었다. 그의 시가는 지극히 깔끔하고 꼬장해서 우리의 한시사(漢詩史)에서 손꼽히는 존재이다. 더구나 고금의 절사(節士)를 읊고 그림까지 곁들인 '요요병' 등은 유명하다."(이병도「고전의 산책」)

한식이라 온마을 싸늘한 냉기
길을 가는 나그네 명절을 맞아
바람일자 나귀는 재빨라지고
봄비 맞은 새맵시 더욱 고와져
다사하다 복사꽃 주막 에우고
호랑나비 날 따라 배에 올랐네
펑퍼진 맑은 강물이 삼십리
비단 같은 쏘가리는 지천이구나.

매천은 이처럼 서정적인 시도 지었다. 그의 생가와 이웃한 화엄사 입구에는 매천의 우국 충정과 빼어난 시가를 아끼고 사랑하는 이 지방 사람들이 그의 시비(詩碑)를 세우고 넉 장의 오석에 절명시 4수를 새겨 놓았다. 한편 매천사는 전남문화재자료 제37호로 지정돼 있고, 매년 3월에는 이곳 사당에서 제사를 지내면서 이 지방 사람들이 매천의 높은 뜻을 되새기고 있다.

지리산의 주요 사적지는 앞서 언급했던 석주관 칠의단(제106호), 황산대첩비(제104호), 구형왕릉(일명 양왕릉, 제214호) 밖에도 문익점 면화시배지(제108호, 산청군 단성면 사월리), 만인의총(제 272호, 남원시 향교동), 고소산성(제151호, 하동군 악양면 평사리), 사근산성(제152호, 함양군 수동면 연화산) 등이 있다.

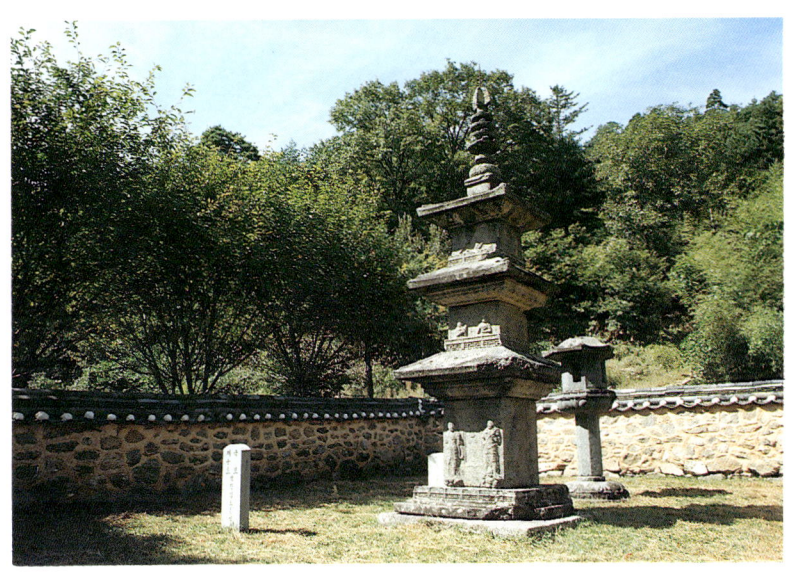

실상사 백장암 3층석탑 통일신라시대의 석탑으로 전체 높이는 5미터, 재료는 화강석이다. 기단 구조와 각부의 장식 조각에서 특이한 양식을 보이는 이형 석탑이다. 국보 제10호.

마지막 보물 화엄사 석경

　지리산의 역사와 문화의 숨결은 이 산이 간직하고 있는 유적이나 유물을 통해서 생생하게 알아볼 수 있다. 지리산은 격동의 역사를 거치는 동안 소중한 유적과 유물들을 엄청나게 망실(亡失)했다. 그것은 곧 소중한 이 산의 역사와 문화가 망실된 것을 뜻한다. 전쟁의 소용돌이에서 지리산의 삼림이 불타거나 남벌된 것처럼, 이 산의 사찰과 암자, 값진 문화 유산들이 수없이 많이 불타거나 약탈되어 사라졌다. 참으로 안타깝고 통탄할 일이다.

　역사의 엄청난 질곡 속에서 겨우 지금까지 목숨을 부지하고 있는 문화 유산은 실제로 꽃을 피웠던 옛 지리산 문화에 비한다면 그야말로 형편없이 적은 일부의 파편에 불과한 것이다. 그렇기는 하지만, 현재 지리산에는 국보 7점, 보물 23점 그리고 지방문화재 7점 등이 주로 사찰 경내에 보존되어 전해 오고 있다. 이들 문화재 하나하나에 따른 특징이나 일화 등이 많지만, 여기서는 현황(명칭)만 간략하게 일별해 보기로 한다.

- ❀ 국보 제10호 : 실상사 백장암 3층석탑
- ❀ 국보 제12호 : 화엄사 각황전 석등
- ❀ 국보 제35호 : 화엄사 4사자 3층석탑
- ❀ 국보 제47호 : 쌍계사 진감 선사 대공탑비
- ❀ 국보 제53호 : 연곡사 동부도
- ❀ 국보 제54호 : 연곡사 북부도
- ❀ 국보 제67호 : 화엄사 각황전
- ❀ 보물 제33호 : 실상사 수철 화상 능가보월탑
- ❀ 보물 제34호 : 실상사 수철 화상 능가보월탑비
- ❀ 보물 제35호 : 실상사 석등
- ❀ 보물 제36호 : 실상사 부도

- 보물 제37호 : 실상사 3층석탑
- 보물 제38호 : 실상사 증각 대사 응료탑
- 보물 제39호 : 실상사 증각 대사 응료탑비
- 보물 제40호 : 실상사 백장암 석등
- 보물 제41호 : 실상사 철조 여래 좌상
- 보물 제132호 : 화엄사 동 5층석탑
- 보물 제133호 : 화엄사 서 5층석탑
- 보물 제151호 : 연곡사 3층석탑
- 보물 제152호 : 연곡사 현각 선사 탑비
- 보물 제153호 : 연곡사 동부도비
- 보물 제154호 : 연곡사 서부도
- 보물 제299호 : 화엄사 대웅전
- 보물 제300호 : 화엄사 원통전 사자탑
- 보물 제380호 : 쌍계사 진감 선사 부도
- 보물 제421호 : 실상사 약수암 목판 탱화
- 보물 제473호 : 법계사 3층석탑
- 보물 제500호 : 쌍계사 대웅전
- 보물 제1,021호 : 내원사 비로자나불 좌상
- 보물 제1,040호 : 화엄사 석경
- 지방문화재 제29호 : 천은사 나옹 화상 원불감
- 지방문화재 제45호 : 실상사 극락전
- 지방문화재 제49호 : 화엄사 보제루
- 지방문화재 제50호 : 천은사 극락보전
- 지방문화재 제86호 : 쌍계사 일주문
- 지방문화재 제144호 : 칠불사 아자방

위에 든 국보나 보물말고도 보물 제1,021호 내원사 비로자나불 좌상의 중대석 사리함에서 발견된 명문(銘文:이두문 136자 음각)

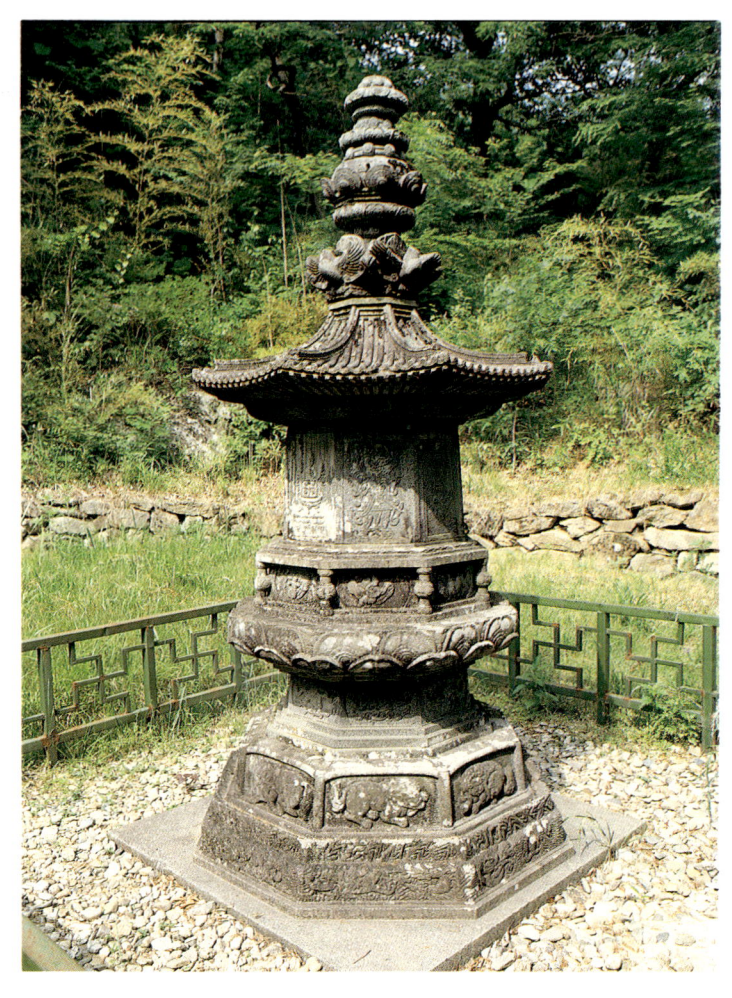

연곡사 동부도 연곡사 경내 동쪽에 있는 고려 초기의 부도로 높이 3미터, 팔각원당형
을 기본으로 삼았고 조각 수법이 정묘하며 세치하다. 국보 제53호.

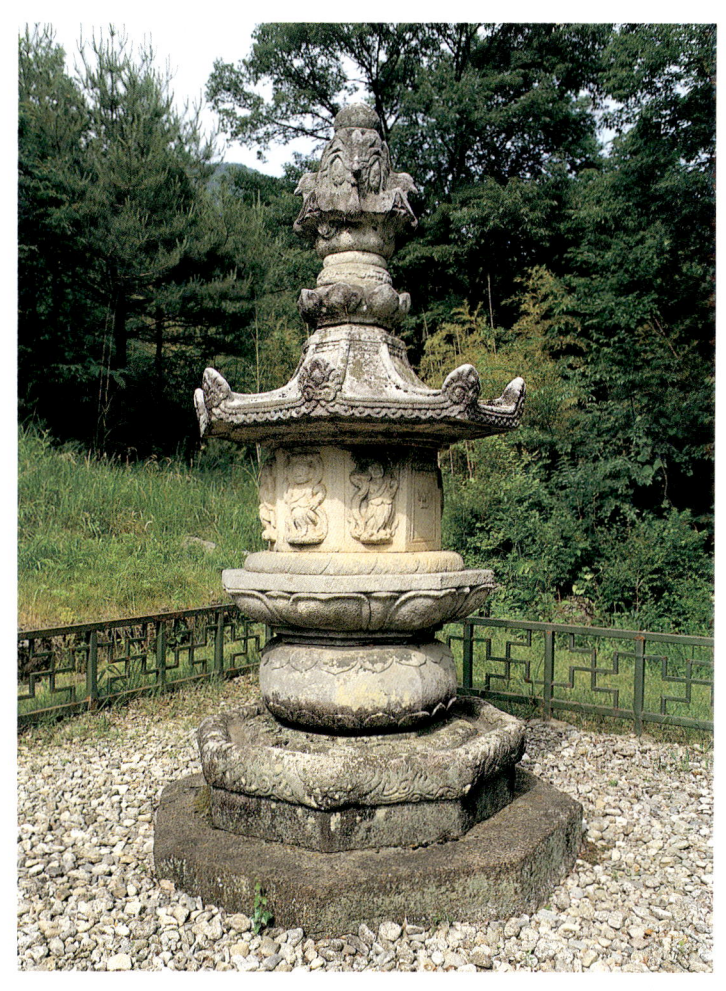

연곡사 서부도 연곡사 경내 서쪽에 있는 고려 초기의 부도로 높이 3.6미터, 팔각원당형이며 중대석은 단판연화, 상대석은 앙련이 조각되었다. 보물 제154호.

은 국보 제233호로 지정돼 반출됐고, 국립진주박물관 소장 보물 제420호 실상사 백장암 청동 은입사 향로 등은 지리산을 떠나 있으므로 함께 언급하지 않았다. 그런데 지리산의 문화 유산 가운데 마지막으로 보물로 지정된 것은 보물 제1,040호 화엄사 석경이다. 이 석경은 지방문화재 제31호로 되어 있었으나, 지난 1990년 5월 문화부가 그 가치를 재평가하여 지리산의 마지막 보물로 지정한 것이다.

화엄사 석경은 지리산의 값진 문화재들에 대한 하나의 상징적인 좌표로 우리들에게 시사하는 바가 크다. 이 석경은 의상 대사가 화엄사를 전교(傳敎)의 도량으로 삼으면서 왕명으로 장육전(각황전의 원래 이름)을 짓고, 그 사방 벽을 파르스름한 돌에 화엄경을 새겼던 것으로 전해진다. 다른 일설에는 신라 정강왕의 친형인 헌강왕의 명복을 빌기 위해 그의 원년(886)에 조성을 시작했으나 그가 재위 1년 만에 서거하자 왕의 누이인 진성여왕 때 완성을 본 것이라고 한다. 또 글씨는 신라 명필 김생의 것으로도 알려졌는데, 글자수가 무려 10조에 달하는 놀라운 것이다. 그러나 장육전 건물이 1597년 정유재란 때 왜병의 방화로 불타면서 석경도 파편이 되어 흩어져 버렸다. 장육전은 숙종 25년(1699) 계파 선사가 중흥 불사를 일으켜 중건하여 각황전으로 이름을 고쳐 부르게 되었으나, 석경은 다시 자기 자리를 찾지 못했다.

이 석경은 지난 1963년까지 나무 궤짝에 담겨져 구석진 곳에 쌓여 있었다. 또 1940년 전후에는 손바닥보다 큰 조각이 도량 곳곳에서 발견된 일도 있었다고 한다. 정유재란 이후 화엄사 석경은 360여 년을 쓰레기 신세가 되어 지천으로 나뒹굴다가 1964년에야 옛유물에 대한 관심으로 이들을 주워 모아 정리한 결과 1만 3천여 점을 파악하여, 이를 101개의 상자에 넣어 보관하게 되었다. 이 석경은 지방문화재 제31호로 지정돼 있다가, 지난 1990년 5월에야 문화부가 그 값어치를 뒤늦게 인정하여 보물 제1,040호로 지정한 것이다.

지리산의 마지막 보물이 된 화엄사 석경의 내력에서 지리산 문화재들의 수난 역정과 그 위상을 쉽게 짐작해 볼 수 있다.

지리산 10경

지리산은 그 크기가 장대한 만큼 수많은 절경과 비경들을 안고 있다. 이 산은 찾고 또 찾을수록 헤아릴 수 없이 많은 승경에 오히려 질려 버릴 정도이다. 지리산 등산 지도를 처음으로 제작하여 배포했던 구례의 지리산산악회(회장 우종수)는 지난 1972년께 가장 대표적인 자연 경관 10곳을 들어 '지리산 10경'으로 발표, 이것이 지금까지 공식적인 인정을 받고 있다. 그 10경이란 다음과 같다.

천왕 일출(天王日出)

사방이 탁 트인 해발 1,915미터의 천왕봉에서 맞는 일출의 장관을 일컫는다. 잿빛 구름바다 저 멀리 동쪽 지평선상에 홍일점의 희미한 서기(瑞氣)가 어리어 거대한 태양이 진홍빛 햇살을 내뿜으며 불쑥 떠오른다. 천왕봉의 이 색채 파노라마는 예부터 3대의 공적을 쌓아야만 맞이할 수 있다는 말이 전해 오고 있다.

직전 단풍(稷田丹楓)

지리산 제1의 활엽수림 지대인 피아골이 가을철에 단풍이 절정으로 물든 황홀한 선경을 뜻한다. 이 계곡에 들면 산도 붉고(山紅), 물도 붉게 비치며(水紅), 사람도 붉게 물든다(人紅)고 하여 삼홍(三紅)의 명소로 일컬어진다.

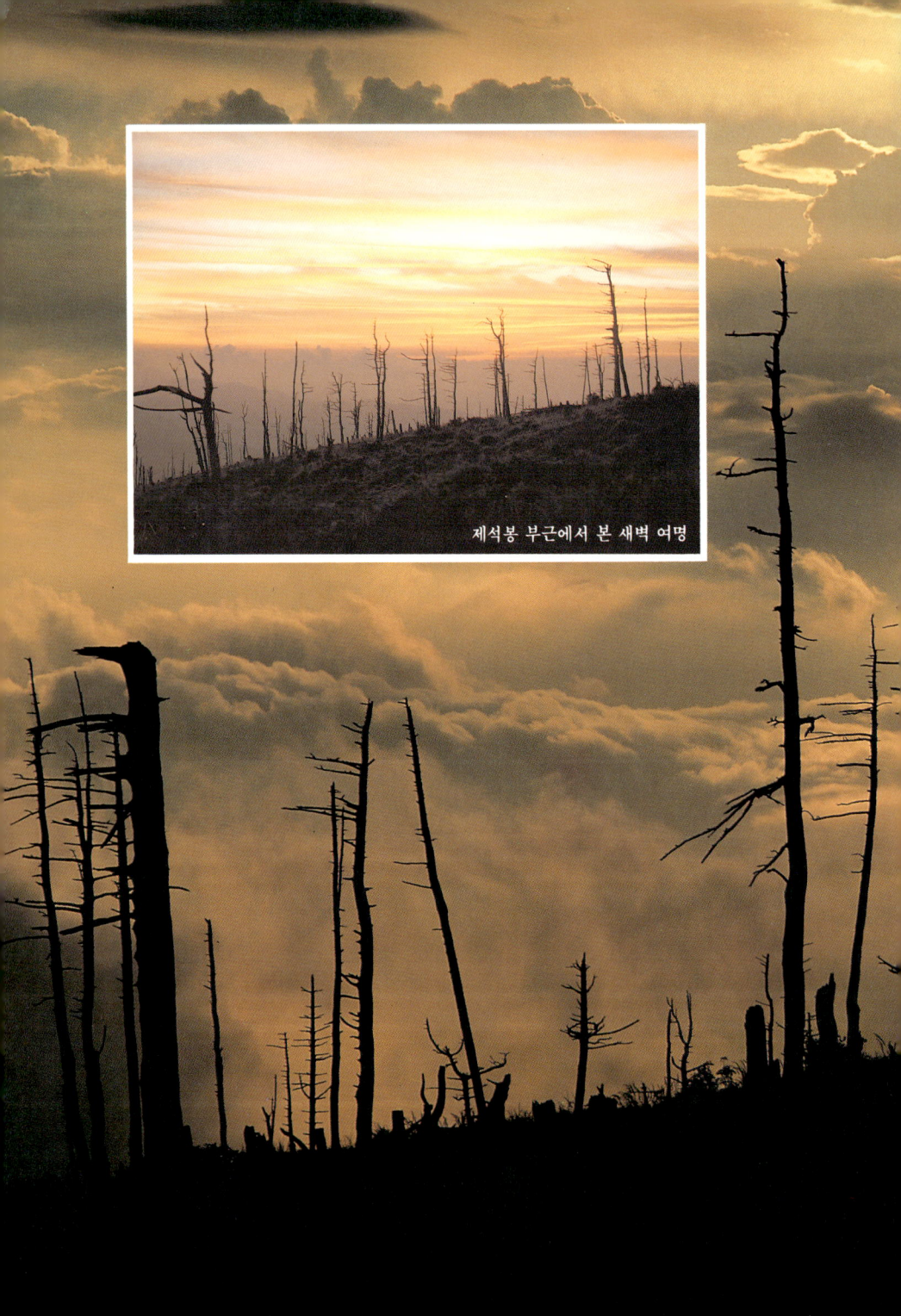

제석봉 부근에서 본 새벽 여명

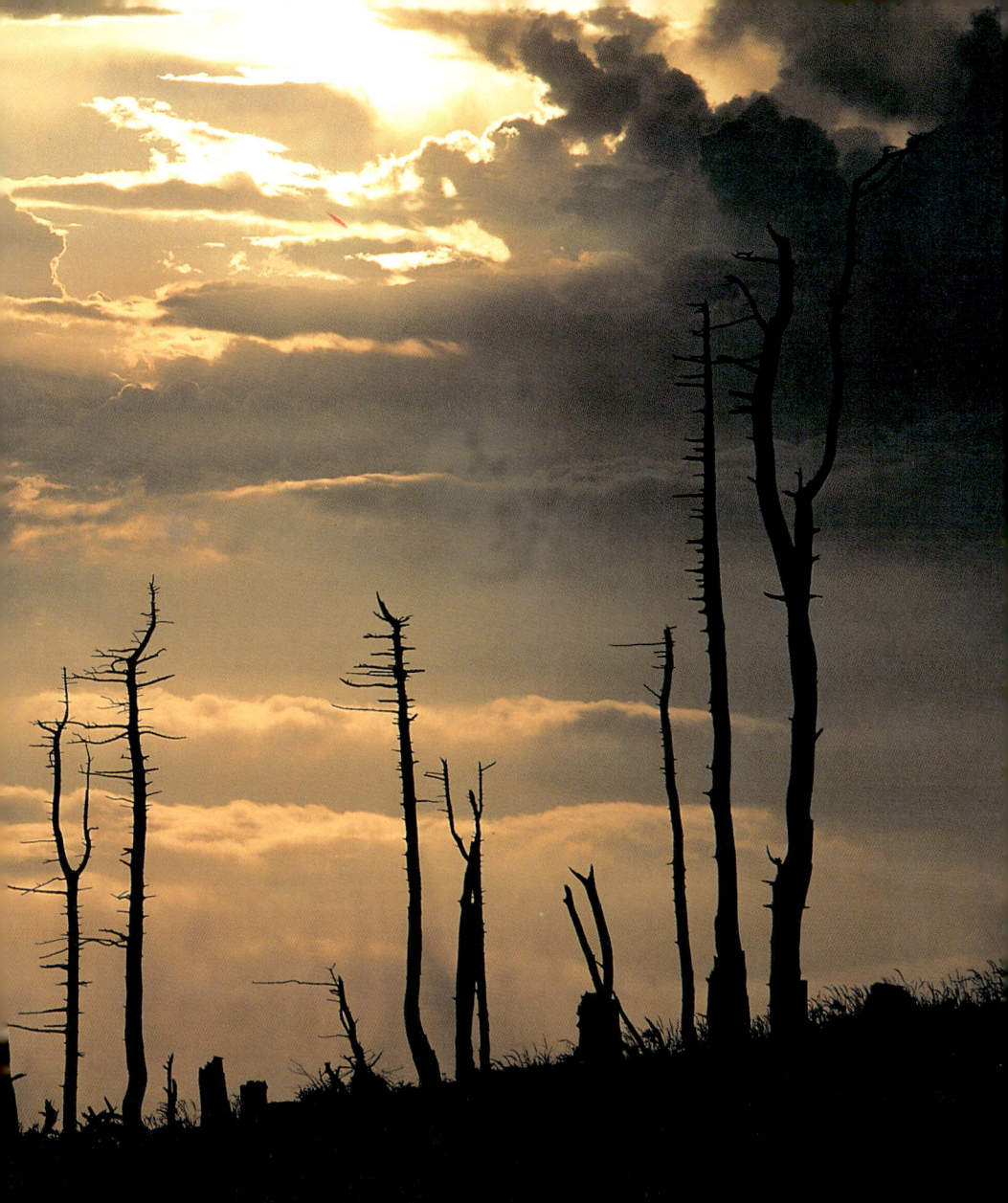

제석봉 고사목 지대의 황혼　과거에 울창했던 숲이, 도벌꾼들에 의해 자신들이 도벌한
흔적을 없애려고 놓은 산불로 말미암아 덜쩡한 나무만 죽어 지금까지 그 잔해로 남아
서 고사목 지대로 변했다.

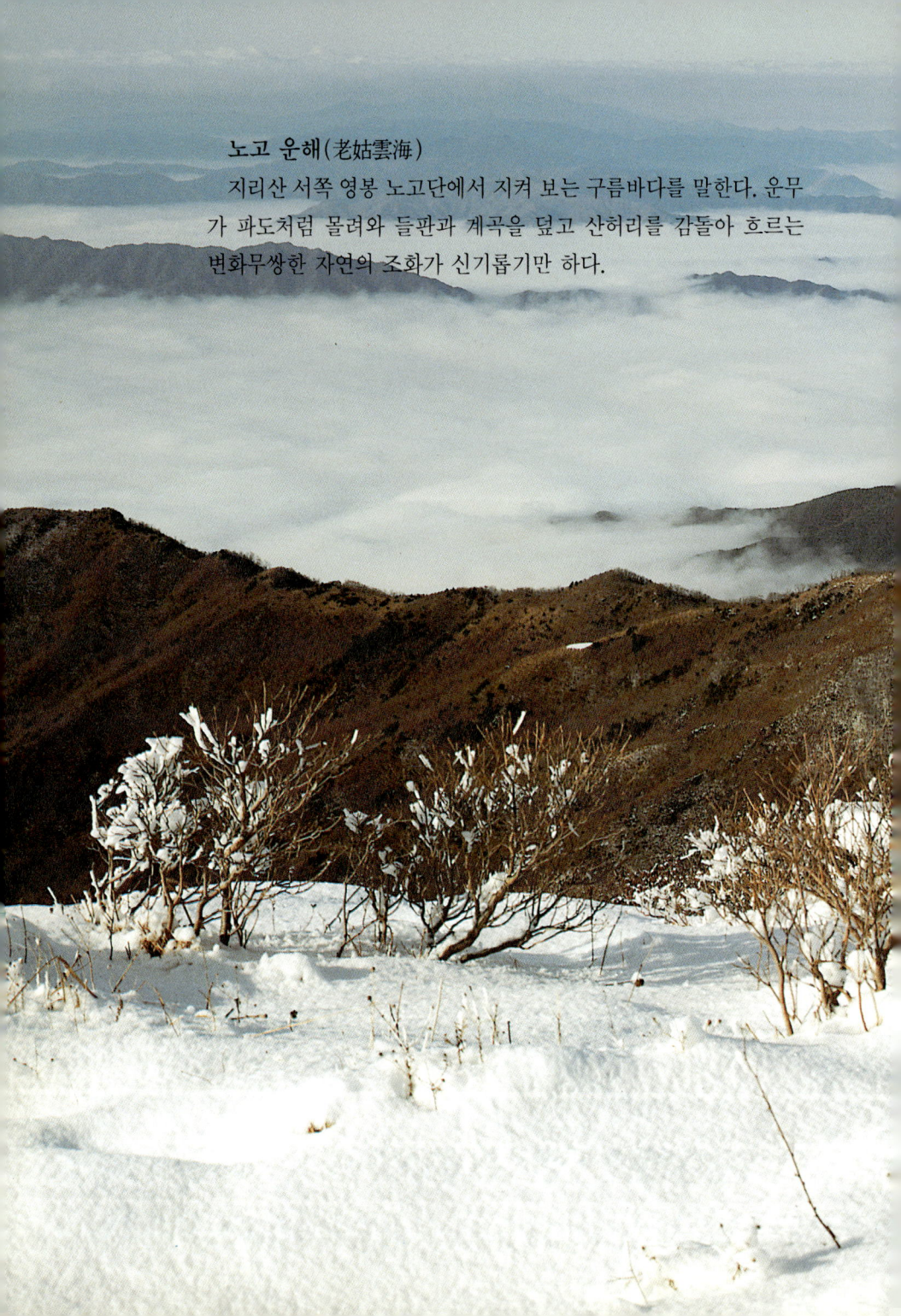

노고 운해(老姑雲海)

　지리산 서쪽 영봉 노고단에서 지켜 보는 구름바다를 말한다. 운무가 파도처럼 몰려와 들판과 계곡을 덮고 산허리를 감돌아 흐르는 변화무쌍한 자연의 조화가 신기롭기만 하다.

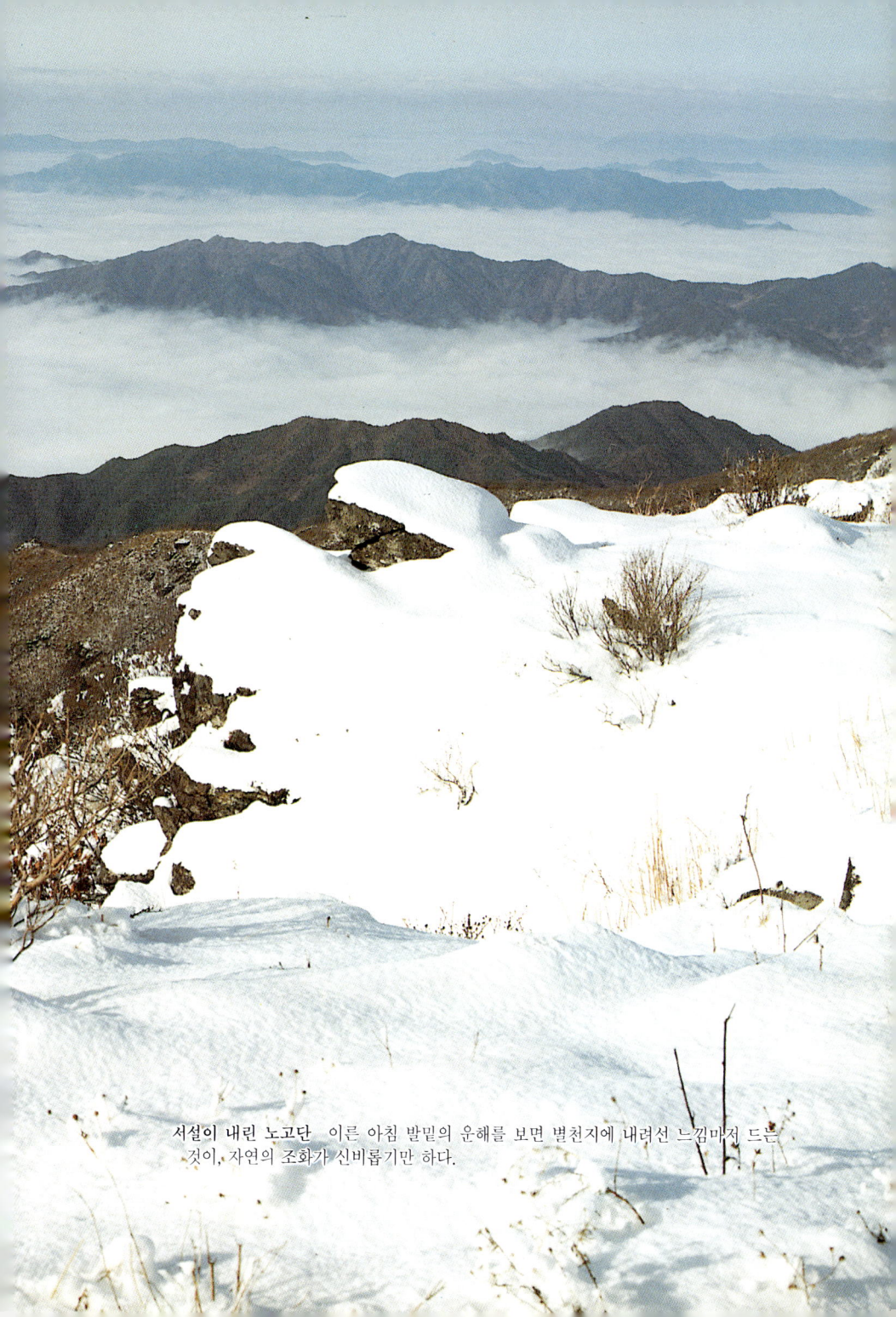

서설이 내린 노고단 이른 아침 발밑의 운해를 보면 별천지에 내려선 느낌마저 드는 것이, 자연의 조화가 신비롭기만 하다.

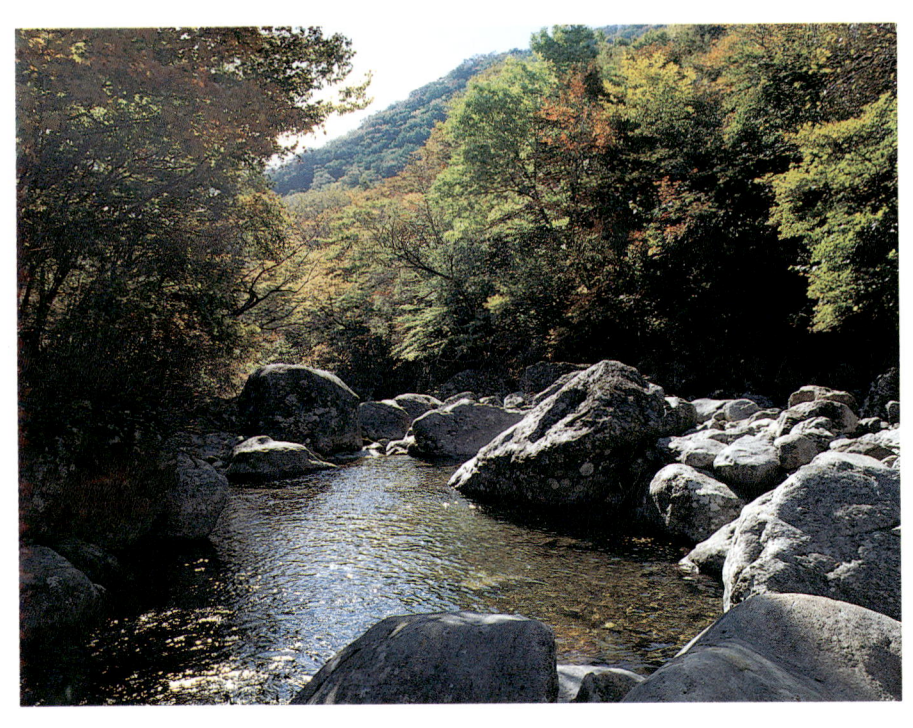

피아골 단풍 북쪽의 뱀사골과 쌍벽을 이루는 선경이다.

반야 낙조(般若落照)

반야봉에서 지켜 보는 낙조의 경건한 모습이다. 하루의 고된 장정을 마친 태양이 마지막 남은 힘을 짜내 휘황찬란한 빛을 뿌린 뒤 대오 체념한 거인의 거룩한 임종처럼 잿빛 노을 속으로 사라지는 순간 경건한 감동을 안겨 준다.

벽소 명월(碧宵明月)

지리산 등뼈의 한가운데인 벽소령에서 맞는 밝은 달을 말한다. 밀림과 고사목 위로 떠오르는 달은 천추의 한을 머금은 듯 차갑도록 시리고 푸르다. 또 태고의 정적이 사위를 감싸고 있어 현묘한 유수의 경지가 된다.

세석 철쭉(細石躑躅)

매년 5월 하순부터 6월 초순에 걸쳐 해발 1,600미터의 수십만 평 세석 고원은 수만 그루의 철쭉꽃이 청려한 자색 꽃망울을 터뜨려 고원 특유의 정경이 낭만적이다.

불일 현폭(佛日縣瀑)

쌍계사 동북쪽 3킬로미터 협곡에 청학봉과 백학봉을 좌우로 두고 백척 단애에서 쏟아지는 폭포수는 백옥 같은 비말(飛沫)을 날린다. 비폭 줄기에는 오색 영롱한 무지개가 서고, 폭포수 소리가 협곡을 진동케 한다.

연하 선경(烟霞仙境)

세석 고원과 장터목 사이의 연하봉은 층암 절벽이 솟고 기암 괴석 사이로 기화 요초가 만발하여 고사목과 어울려 선경을 빚고 있다. 운무가 이 봉우리에 잠깐 머물면 신선이 어디선가 홀연히 나타날 것도 같은 생각을 갖게 한다.

칠선 계곡(七仙溪谷)

울창한 원시림과 푸른 옥류와 심연이 연속된 지리산 최대의 계곡이다. 태고의 신비한 정적을 간직한 채 천왕봉에서 북쪽으로 흘러내리는 이 계곡은 지리산 최후의 원시림 지대로 꼽히고 있다.

섬진 청류(蟾津淸流)

구례 하동 지방의 지리산 산자락을 그림자로 드리운 채 남해로 흘러드는 섬진강의 푸르디 푸른 맑은 강물은 은빛 백사장과 더불어 지리산 서정의 한 상징이 되고 있다. 또 이 강에 뜬 돛단배는 지리산 역사와 수많은 사연들을 들려 주는 듯하다.

위에 든 열 가지가 지리산 10경으로 공인되고 있는 것이다. 그러나 이 지리산 10경은 지나치게 주관적인 판단에 따른 것으로 보여 앞으로 보다 객관적인 검증을 거쳐 다시 선정돼야 할 필요성이 있을 것으로 보인다.

이를테면 천왕봉 일출보다는 제석봉 일출이, 세석 철쭉보다는 바래봉 능선 철쭉이, 피아골 단풍보다는 뱀사골 단풍이, 노고단 운해보다는 장터목 운해가 훨씬 더 감동적이기 때문이다. 또 불일 폭포보다는 아직까지 지도상에서조차 숨어 있는 대성 폭포가 더 압권이며, 연하봉 선경보다는 써리봉의 아름다움이 훨씬 더 앞선다는 것이 필자의 생각이다. 지리산 10경은 너무 일찍, 지리산산악회의 주관에 따라 선정하였으므로 여기에는 당연히 이의가 제기될 수밖에 없다. 그리고 오늘의 시점에서 좀더 많은 사람들의 의견이 종합된 지리산 10경이 새롭게 선정되어야 마땅할 것으로 판단된다.

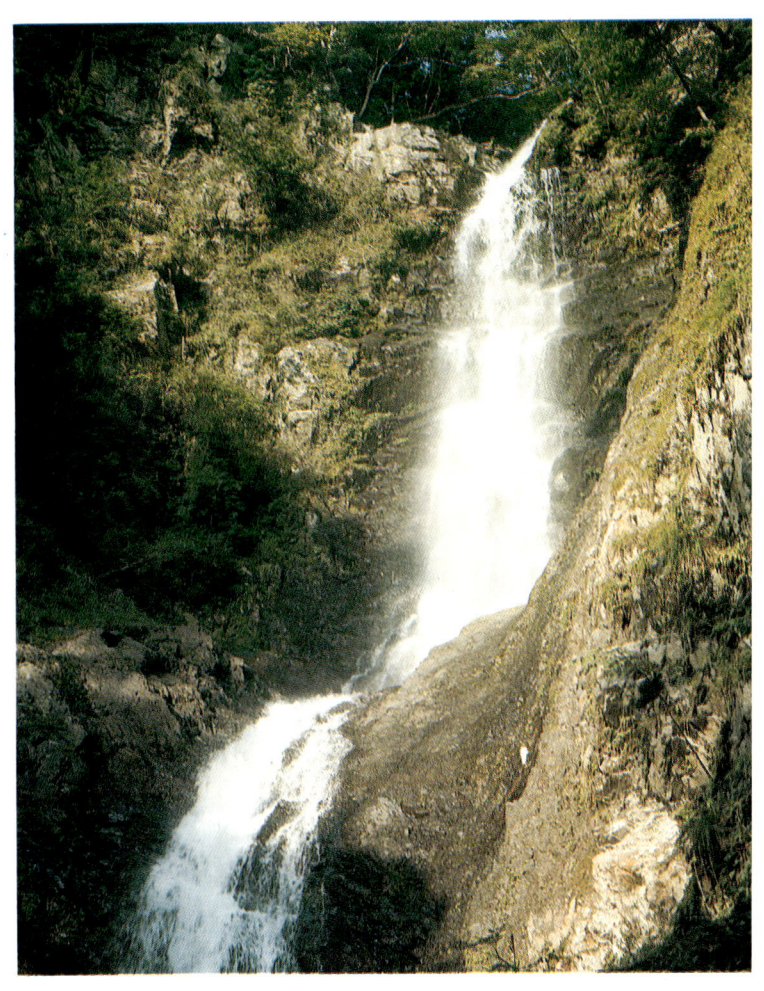

불일 폭포 쌍계사 위쪽에 있는 60미터 높이로 떨어지는 2단 폭포로서 그 소리가 협곡
을 진동케 한다.

지리산에 얽힌 전설

'한없이' 높고 깊은 지리산……. '한없이'라는 수식어는 이 산을 찾는 횟수가 늘어날수록 절감하게 된다. 이 산은 인간의 오랜 역사와 숨결을 함께 해왔기 때문에, 하나의 골짜기나 산자락에도 역사의 애환, 인간의 영욕이 담겨 있다. 지리산에 담겨 있는 인간의 원초적인 삶의 자취 또한 무궁무진하다. 그것은 어떤 기록말고도 전설이나 설화로 전해지고 있다. 지리산의 전설과 설화는 너무 많아 일일이 열거할 수가 없다. 여기에서는 대표적인 몇 가지만 소개한다.

지리산녀

무엇보다 이 산은 남도 여인들의 정절의 규범인 '지리산녀(智異山女)'의 아름답고도 애틋한 이야기를 전하고 있다. 지리산녀에 대해서는 「동국여지승람」의 인물 열녀항에 간단한 기록이 실려 있다. 그 내용은 다음과 같다.

"지리산녀는 구례현의 여자인데 자색(姿色)이 아름답고, 지리산 아래에서 살았으나 역사에는 그 이름이 전해지지 않았다. 집이 가난하나 부도(婦道)를 다하였다. 백제의 왕이 그 아름다움을 소문으로 듣고, 아내로 맞아들이려 했으나 한사코 따르지 아니했다."

또 같은 내용의 '지리산가(智異山歌)'가 「고려사」 가운데의 「악지(樂志)」 등에 실려 있는데 그 내용은 다음과 같다.

"구례현의 한 미모의 여인이 지리산 아래에 살면서 비록 집안 살림은 가난하나 부녀자로서의 도리를 극진히 지켰는데, 백제왕이 그 여인의 아름다움을 듣고 내궁(內宮)으로 맞아들이려 하였으나 여인은 이 노래(지리산가)를 지어 죽음으로써 맹세하고 따르지 아니했다."

그러나 안타깝게도 지리산가의 가사는 전해지지 않고 있다.

'지리산녀'와 '지리산가'의 주인공은 동일 인물로, 미모의 여인이 왕의 부름을 뿌리치고 정절을 지킨 아름답고도 슬픈 사연을 간직하고 있다. 이 지리산녀는 「삼국사기」 열전에 기록된 도미 처이며, 백제왕은 개루왕일 것이라는 견해도 있다.

종녀촌

지리산녀와는 또 다른 비극적인 여인상으로 종녀촌(種女村) 전설이 있다.

피아골 깊은 곳에 종녀촌이 있었다. 씨받이 여인들이 모여 사는 마을이었다. 이 종녀촌에는 성신(性神) 어머니라고 불리는 절대자가 많은 씨받이 여인(種女)들과 시동(尸童)을 거느리고 살았다. 성신 어머니는 인근 마을에 아이를 낳지 못하는 집이 있으면 종녀를 보내 아들을 낳게 해주고, 그 대가로 먹고 살 수 있는 물품을 받아 왔다. 그러나 종녀가 딸을 낳았을 때는 그 아이를 종녀 마을로 데려와 종녀가 될 때까지 키워 성신 어머니께 바쳤다. 종녀의 운명은 어머니에게서 그 딸로 대물림을 했다.

종녀촌을 지배하는 성신 어머니는 성신굴(性神窟)에서 성(性)의 제전을 마음 내키는 대로 펼쳤다. 성신굴에는 성신상을 거대하게 새겨 놓았고, 그 옆에는 남근(男根)을 새긴 제단이 있었다. 종녀들에게 인내와 체념만을 강요하는 성신 어머니가, 그녀 자신은 성의 욕망을 종녀들이 지켜 보는 앞에서 시동들과 불태웠다. 성신 어머니는 종녀들의 무궁한 생산 능력을 빈다는 기원제를 핑계로 성신 제단 앞에서 주문을 외다가, 주문이 춤으로 변해지고, 마침내 그녀가 시동과 욕정을 불태우는 향락을 씨받이 여인들에게 보여 주는 클라이맥스로 이 성의 축제는 막을 내렸다. 종녀들에겐 너무나 잔인하고 가혹한 성의 축제이다.

칠불암과 허왕후

칠불암과 허왕후의 전설도 불교의 남방 전래설과 관계있는 흥미로운 것이다.

가락국 김수로왕 허왕후는 일곱 왕자가 성불하여 속세와 인연을 끊고 세상에 나오지 않게 되자 왕자들을 만나 보기 위해 지리산으로 찾아갔다. 그러나 불법이 엄하여 허왕후조차 여자라고 하여 선원에 들어갈 수 없었다. 여러 날을 선원 밖에서 안타깝게 기다리던 허왕후는 참다 못해 성불한 아들들의 이름을 차례로 불렀다. 그러나

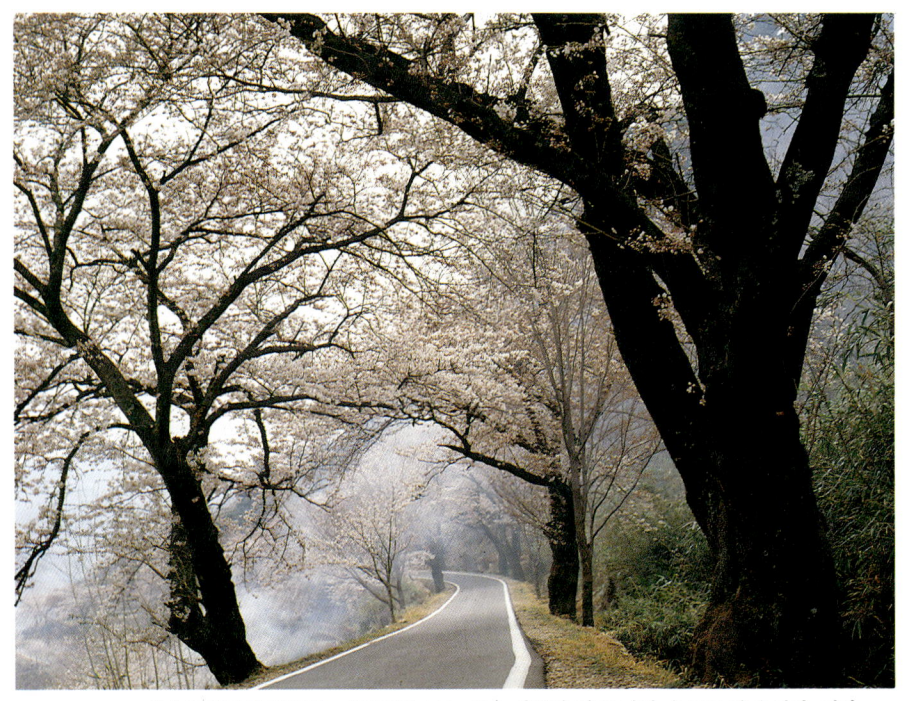

쌍계사 입구의 벚꽃길 시오리가 넘는 길을 이처럼 벚꽃 터널 속으로 걷게 된다. 해마다 4월 초순이면 그 장관이 절정을 이룬다.

"우리 칠 형제는 이미 출가 성불하여 속인을 대할 수 없으니 돌아가시라"는 음성만 들렸다. 허왕후는 아들들의 음성만 들어도 반가웠으나, 얼굴을 한 번만 보고 싶다고 간청하였다. 아들들은 "그러면 선원 앞 연못가로 오시라"고 했다. 허왕후는 연못 주변을 아무리 두리번거렸으나 아들들의 모습은 보이지 않았다. 실망한 허왕후가 발길을 돌리려다 연못속을 들여다보니 일곱 왕자가 합장하고 있었다. 그 모습에 감동한 것도 잠깐, 한번 사라진 일곱 왕자의 성불한 모습은 그 뒤로는 다시 나타나지 않았다. 이 연못은 그 뒤로 영지(影池)라 불렀고, 수로왕이 이때 머물렀던 곳을 범왕촌(梵王村)으로 불렀는데, 현재는 범왕리(凡王里)로 변해 있다. 또 허왕후가 머물렀던 곳은 대비촌(大妃村)으로 일컬었는데, 지금은 쌍계사 아래편에 대비리(大比里)로 변해 있다.

노고단

옛날 노인 부부가 자식이 없어 애를 태웠는데, 영산에서 기도를 하면 자식을 얻을 수 있다는 말을 듣고 찾아든 곳이 노고단이었다. 두 부부는 천 일 기도를 했는데, 그 기도가 끝난 날 안타깝게도 천왕봉을 향해 두 손을 곱게 모은 채 함께 숨지고 말았다. 노부부는 바위할매와 바위할배로 변했는데, 그 뒤 이곳을 지나는 산사람들이 간단한 산제를 지냈다. 또 그 주변에는 할미꽃이 만발한 꽃밭을 이루었고 철쭉꽃, 백합꽃, 나리꽃이 점차 늘어나 단장을 했다고 한다.

세석 고원 음양수

자녀를 갖지 못한 부부의 슬픈 전설은 세석 고원 음양수에도 담겨져 있다.

아득한 옛날 지리산에 제일 먼저 들어온 호야와 연진은 대성 계곡에서 한 쌍의 원앙으로 행복한 나날을 보냈으나 자녀를 갖지 못했

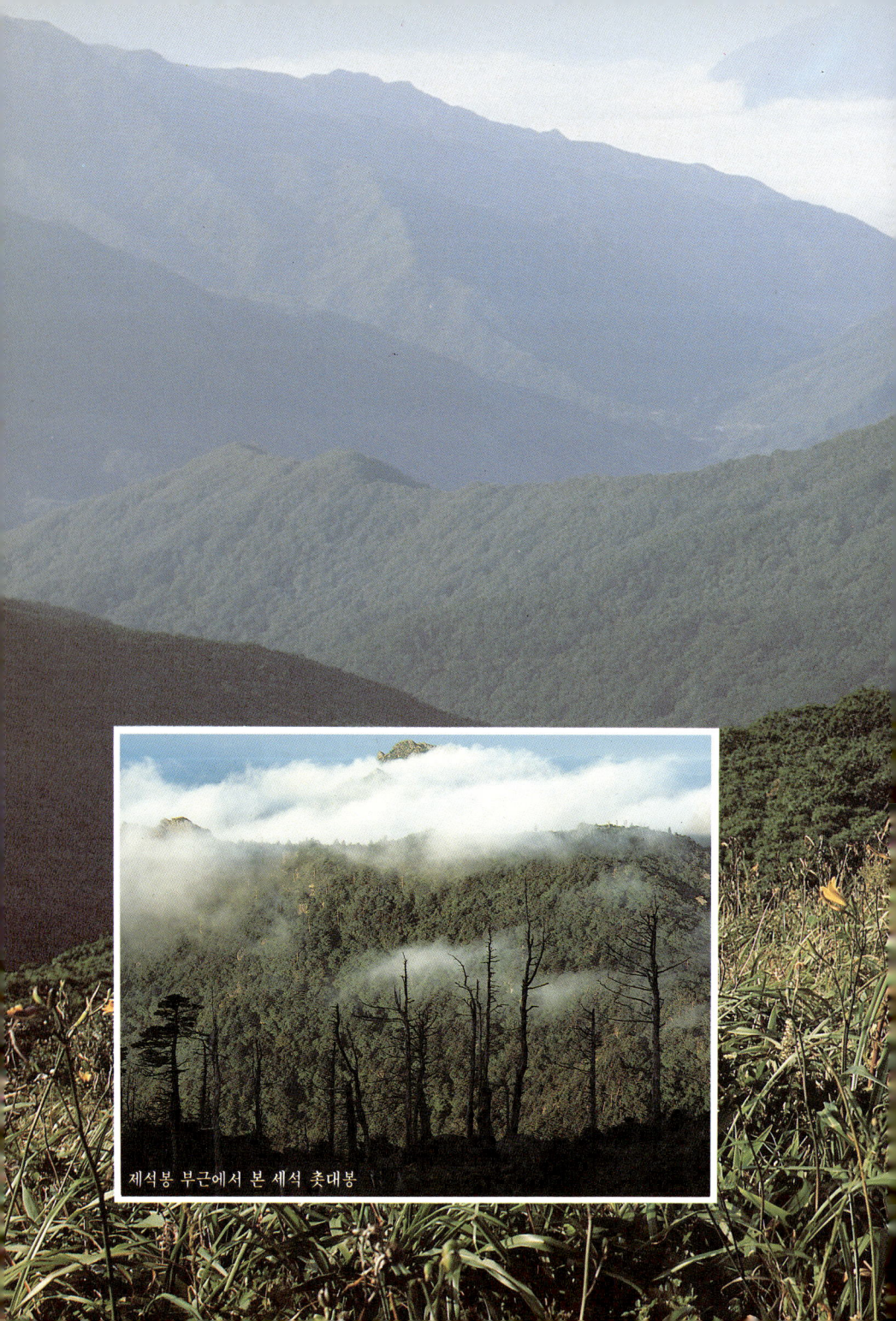

제석봉 부근에서 본 세석 촛대봉

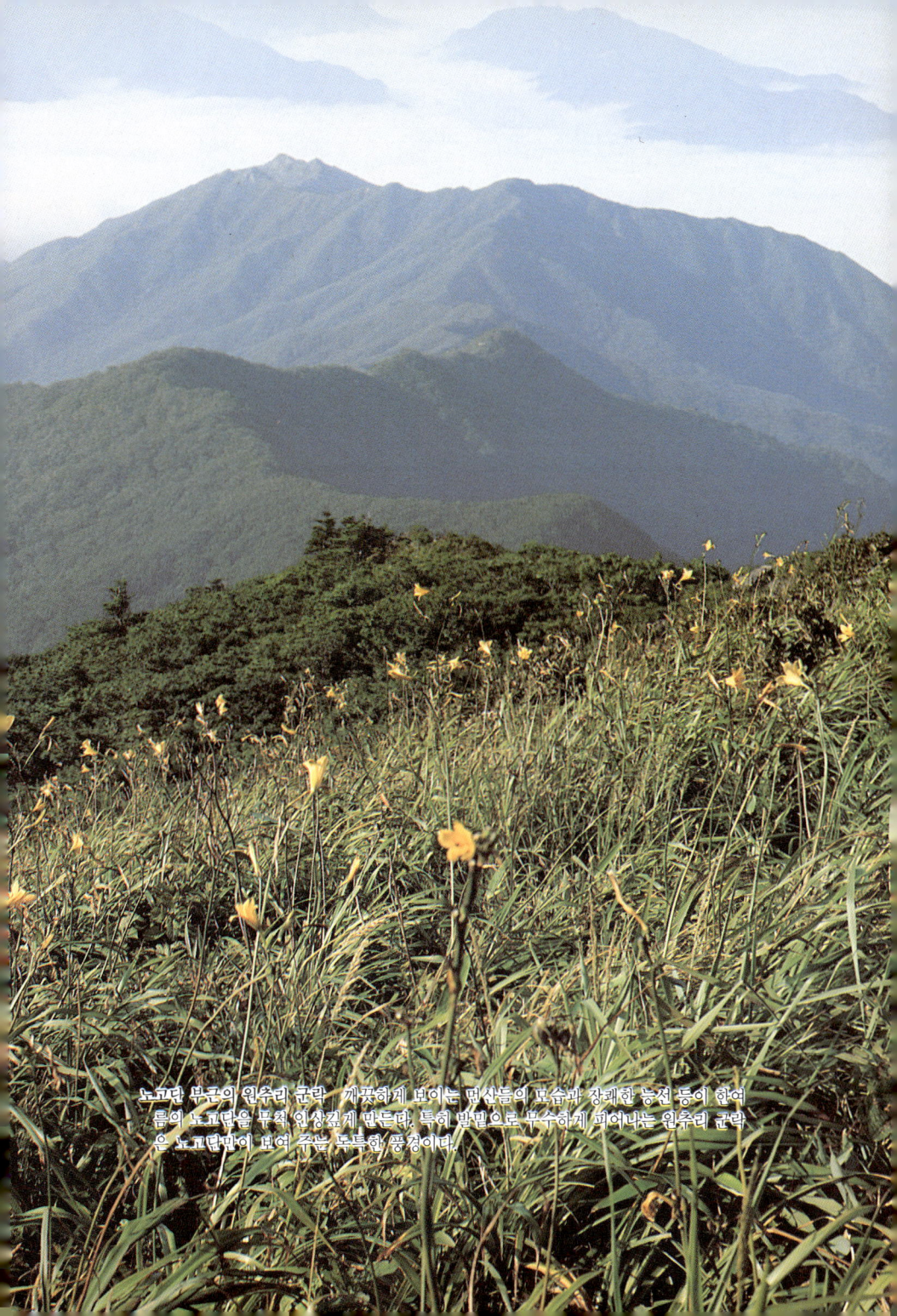

노고단 부근의 원추리 군락 깨끗하게 보이는 명산들의 모습과 장쾌한 능선 등이 한여름의 노고단을 무척 인상깊게 만든다. 특히 발밑으로 무수하게 피어나는 원추리 군락은 노고단만이 보여 주는 독특한 풍경이다.

다. 어느날 남편이 산열매를 따러 간 사이 검은 곰이 연진 여인에게 세석 고원 음양수 샘물을 마시면 아들, 딸을 낳을 수 있다고 일러 주었다. 이 말을 들은 연진 여인은 곧장 음양수로 달려가 샘물을 실컷 마셨다.

그 사이, 곰과 사이가 좋지 않았던 호랑이가 이를 지리산 산신령께 고해 바쳤다. 지리산 산신령은 크게 노하여 음양수의 신비를 인간에게 발설한 곰을 토굴 속에 가두고, 호랑이는 그 공으로 백수의 왕이 되게 했다. 또 음양수 샘물을 훔쳐 먹은 연진 여인에게도 무거운 벌을 내려 평생토록 잔돌(細石) 평전의 돌밭에서 외로이 철쭉을 가꾸게 하였다. 연진 여인은 슬픔에 젖어 흘러내리는 눈물과 닳아 터진 다섯 손가락에서 흘러내리는 피를 꽃밭에 뿌리며 애처롭게 언제까지나 꽃밭을 가꾸었다. 그녀는 또 밤마다 촛대봉 정상에서 촛불을 켜 놓고 천왕봉 산신령을 향하여 죄를 빌다가 그대로 돌이 되었으며, 촛대봉의 앉은 바위는 바로 가련한 연진 여인의 굳어진 모습이라 전해지고 있다.

지리산 전설은 이 밖에도 선녀의 옷을 숨긴 이야기, 용이 못 된 이무기가 스님을 삼킨 이야기 등 우리나라의 일반 전설이나 설화와 비슷한 내용이 대부분이다. 그러나 앞에 든 것말고도 벽송사 목장승 전설 등이 보다 짙은 애환을 깔고 있는 것이 특색이라고도 하겠다.

오늘의 지리산

주요 등산로만 50개 이상

지리산은 넓고 장대한 만큼 잘 개척된 주요 등산로만 50여 곳 이상이다. 이를테면 주봉인 천왕봉으로 오르는 등산로만 하더라도 중산리–법계사–천왕봉, 중산리–홈바위골–천왕봉, 중산리–순두류–천왕봉, 백무동–장터목–천왕봉, 의탄–두지터–칠선 계곡–천왕봉, 광점동–하봉–중봉–천왕봉, 유평리–치밭목–천왕봉 등으로 부채살처럼 열려 있다. 이 밖에도 중봉골을 거치거나 국골, 쑥밭재, 황금 능선, 한신 지계곡을 거쳐 오르는 코스까지 합친다면 천왕봉 등정로는 10여 개에 이른다. 지리산에 정통한 산꾼들은 이정표가 촘촘히 서 있는 주등산로보다 은밀한 코스를 주로 이용한다. 이미 이정표가 서 있는 주요 등반로는 산길이 마치 찻길처럼 넓혀져 있고, 너무 많은 인파가 몰려 북새통을 이루기 때문이다.

지리산의 주요 등산로는 국립공원 관리공단에서 이정표를 적당한 간격으로 세워 놓았다. 그러나 이정표가 없지만 등반객들에게 너무나 잘 알려져 이미 반들반들하게 길이 넓혀져 있는 코스들도 부지기수이다. 예를 들어 서북 능선이나 왕시루봉 능선 등에는 이정표가 없지만, 등반 애호가들에게는 이미 잘 알려져 있는 코스이다.

지리산은 천왕봉－노고단의 45킬로미터에 걸친 장대한 주능선 자체가 국내 최대 최고의 종주 산행 코스로 각광을 받고 있고, 지능선과 계곡마다 많은 등산로가 열려 있다. 또한 요소마다 산장(대피소)이 있는가 하면, 주능선상에도 샘터가 적당한 간격으로 자리잡아 등산하기에 안성맞춤이다. 무엇보다 이 산의 등산로는 특별히 위험한 곳이 없어 산행 경험이 전혀 없는 초심자도 무난하게 오를 수 있고, 국립공원 관리공단에서 교량이나 쇠사다리 등의 철구조물과 야영장 등을 필요 이상으로 많이 설치하여 등산로 전체를 '대중 개방'한 느낌이 들 정도이다.

노고단 코 앞의 성삼재 종단도로(달궁－천은사)와 정령치 종단도로(육모정－도계 삼거리)의 개통으로 주능선과 서북 능선을 차량이 통과함으로써 등반 방식 자체에도 큰 변화를 가져왔다. 또 이 산의 등산로는 근래에 펴낸 등산 지도에는 표시가 되어 있지 않지만, 실제로는 이미 주요 등산로로 개척돼 있는 곳이 적지가 않다. 이를테면 달궁－중봉－반야봉, 목통－연동 계곡－화개재, 내원사－국사봉－써리봉 코스 등이 그것이다.

여기서는 지리산에서 가장 일반적으로 많은 등산객들이 오르내리는 주요 등산로를 간략하게 소개하기로 한다.

법계사 코스

주봉인 천왕봉을 가장 근거리로 빠르게 오르는 코스이다. 중산리에서 천왕봉으로 오르는 지름길이라고도 하겠다.

중산리 매표소를 통과하면 곧 법계교를 만나는데 여기서 도로를 버리고 왼편의 오솔길로 접어든다. 주요 통과 지점은 칼바위－망바위－로터리 산장－법계사－개선문－천왕샘이다. 총거리 9킬로미터(중산리 버스 정류소에선 11킬로미터)로 등정 시간은 휴식 시간을 포함하여 4시간, 하산은 3시간 정도 걸린다. 칼바위-망바위 구간과 법계사-개선문 구간이 가파른 비탈길이다. 식수는 칼바위의 계곡물과 로터리 산장의 샘물을 이용한다.

하동바위 코스

이 코스는 북쪽의 백무동에서 천왕봉으로 오를 때 이용하는 가장 일반적인 루트이다. 백무동-장터목 9킬로미터, 장터목-천왕봉 3킬로미터로 모두 12킬로미터 거리에 등정 시간 5시간, 하산 4시간 정도가 소요된다.

백무동의 도로 끝 이정표에서 좌측으로 올라 감나무가 서 있는 외딴집 앞을 통과하면 곧 하동바위 코스이다. 이정표 앞에서 그대로 직진하면 한신 계곡 코스로 세석 고원으로 가는 길과 연결된다.

주요 통과 지점은 하동바위-참샘-소지봉-제석단샘-장터목 산장-제석봉-통천문 등이다. 식수는 참샘과 제석단샘, 장터목샘(산희샘)에서 넉넉하게 구할 수 있다. 이 루트는 비교적 평탄한데 참샘-소지봉, 하동바위 주변 등 부분적으로 비탈이 심한 곳이 있다.

대원사 코스

유평 계곡의 대원사를 거쳐 무재치기 폭포-치밭목 산장-써리봉-중봉을 거쳐 천왕봉으로 오르는 총거리 18킬로미터의 만만찮은 코스이다. 그러나 이 구간을 지리산 종주 산행 코스에 포함시키는 경우가 많고, 교통이 편리하고 경관이 빼어나 근래에는 많은 등반객이 애용하고 있다.

대원사 주차장에서 등산구인 유평 마을 외딴집까지는 4킬로미터인데, 차량을 이용하여 이곳에서 5킬로미터 위의 새재 마을에서 등산을 시작하는 이들도 늘어나고 있다.

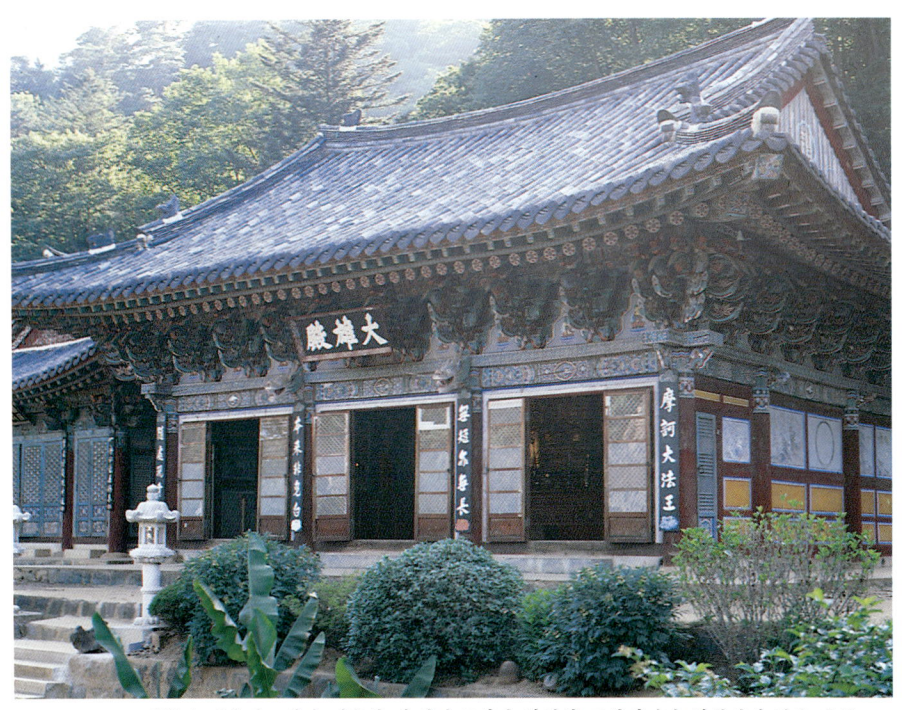

대원사 대웅전 신라 진흥왕 때 연기 조사가 창건한 고찰이지만 빨치산의 잦은 출몰로 토벌대에 의해 소실되었으며, 1963년에 중창되었다.

유평리에서는 한판골을 따라 오르는데, 이 골짜기의 상단부가 아주 가파르다. 그러나 고개를 넘은 뒤로는 장당 계곡을 발 아래 내려다보며 무재치기 폭포까지 평평한 길이 이어진다. 이 폭포에서 치밭목 산장까지 또 한차례 가파른 길이 시작된다. 치밭목 산장에선 써리봉을 거쳐 가는 길과 하봉의 헬기장을 거쳐 중봉으로 곧장 오르는 길이 있다. 힘은 들지만 써리봉 능선길이 매력 만점이다. 유평리 －천왕봉은 등정 7, 8시간, 하산 5시간 정도가 소요된다. 식수는 무재치기 폭포까지 걱정이 없고 그 위쪽에선 치밭목샘을 이용한다.

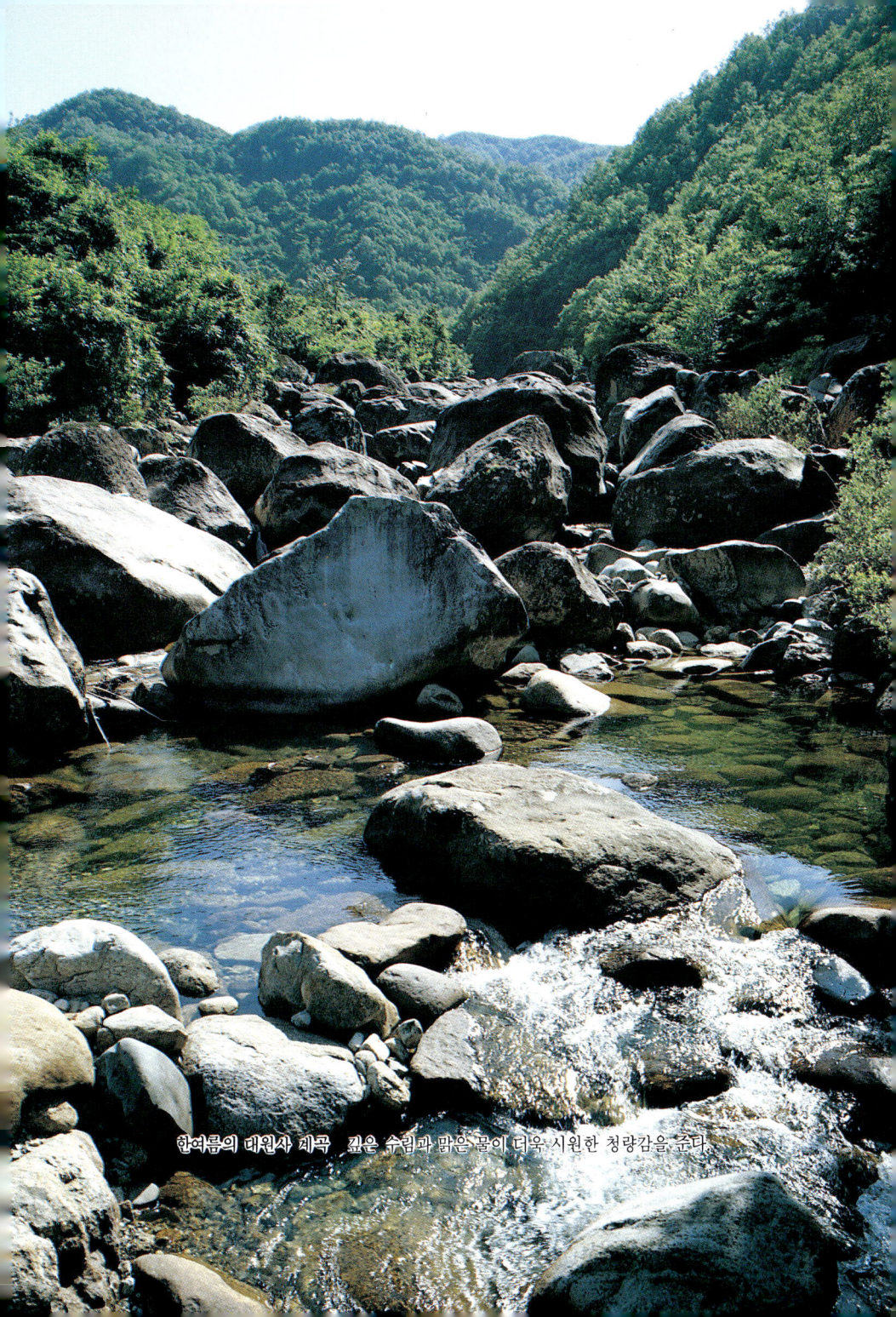

한여름의 대원사 계곡 깊은 수림과 맑은 물이 더욱 시원한 청량감을 준다.

칠선 계곡 코스

지리산 최후의 원시림 지대로 예전에는 지리산 등반로 가운데 가장 난코스로 알려졌었다. 현재는 이정표가 군데군데 서 있고 길도 잘 닦여 있다. 그러나 추성동-천왕봉은 14킬로미터 등정에 7시간 가량이 소요될 만큼 체력전을 필요로 하는 코스이며, 하산도 5시간 가량 걸린다.

벽송사 입구의 추성동에서 등반을 시작하는데, 두지터를 지나면 원시 수림과 폭포와 소(沼)가 번갈아 나타난다. 주요 통과 지점은 두지터-선녀탕-칠선 폭포-대륙 폭포-마폭 등이다. 마폭-천왕봉의 마지막 3킬로미터는 엄청나게 가파른 암벽 등반로로 천왕봉 등정의 진미를 만끽하게 해주는 한편, 체력의 소모가 엄청나다. 식수는 마지막 3킬로미터의 오르막길을 위해 마폭에서 수통을 채우면 된다.

이 코스는 앞의 대원사 코스처럼 일단 천왕봉에 오른 뒤에도 하산 코스가 길게 남아 있으므로 천왕봉 주변의 산장(치밭목, 로터리, 장터목)에서 1박을 하는 일정으로 시간 계획을 세우는 게 좋다.

한신 계곡 코스

백무동에서 한신 계곡을 따라 세석 고원으로 오르는 코스이다. 백무동 계곡과 한신 계곡을 연이어 따라오르는 10킬로미터에 걸친 이 길은 일명 백무동 코스라고 불리기도 한다.

백무동-첫나들이 폭포-가내소 폭포까지는 관광 코스로 항상 길이 열려 있고 아주 평탄하다. 가내소 폭포-세석 고원은 가장 먼저 휴식년제 지정을 받은 곳으로 오층 폭포(일명 오련 폭포), 한신 폭포 등의 명당이 있다. 이 코스도 마지막 2킬로미터 가량이 가파르다. 식수는 계곡이 끝나는 곳에서 한 번만 수통을 채우면 된다. 소요 시간은 등정 4시간, 하산 3시간 정도이다.

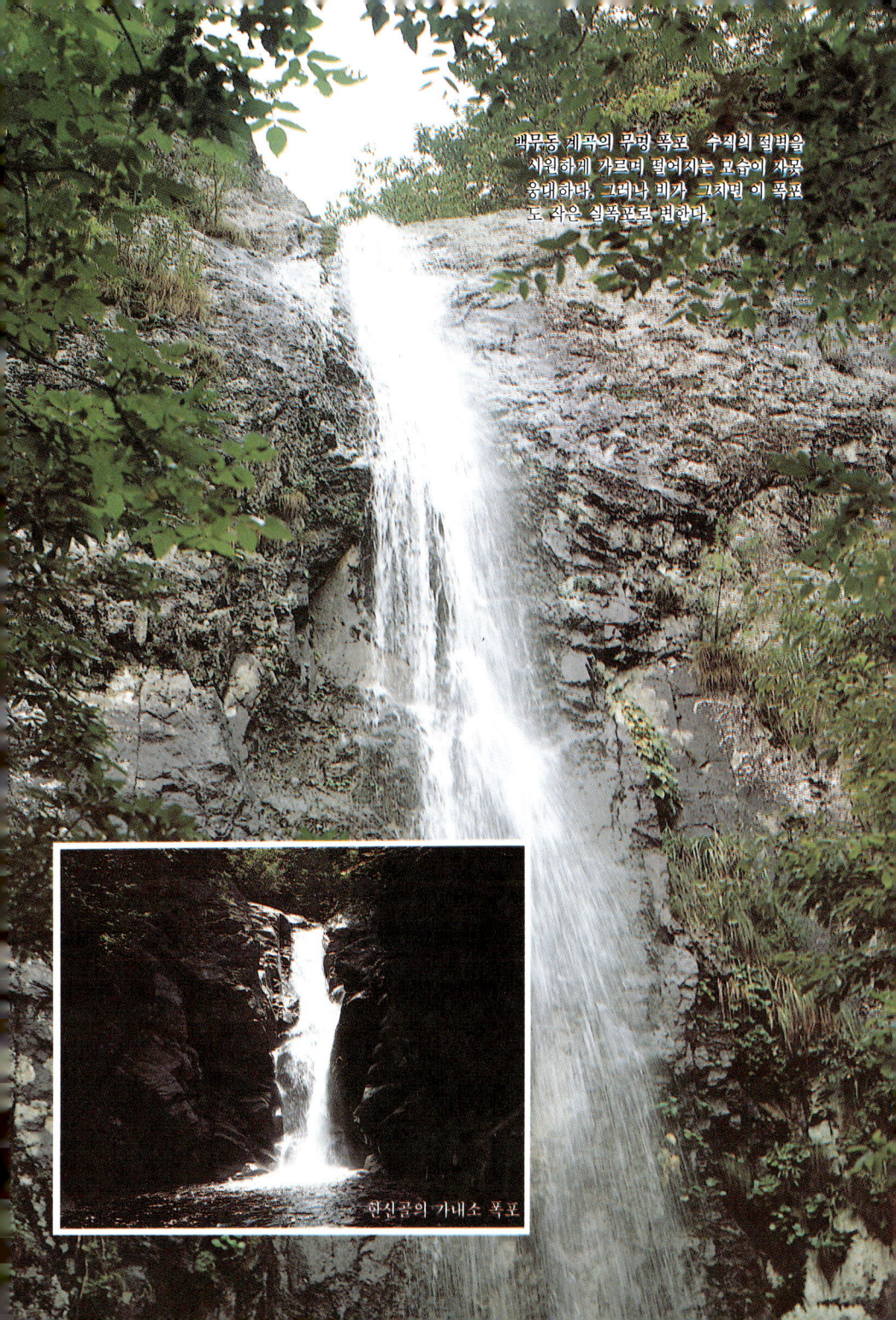

백무동 계곡의 무명 폭포 수직의 절벽을
시원하게 가르며 떨어지는 모습이 자못
웅대하다. 그러나 비가 그치면 이 폭포
도 작은 실폭포로 변한다.

한신골의 가내소 폭포

거림골 코스

한신 계곡 코스와 정반대로 남쪽의 거림 마을에서 거림 계곡을 따라 세석 고원으로 오르는 루트이다. 곡점―내대리―거림 마을이 비포장(부분적으로 시멘트 포장) 1차선 도로여서 차량 통행이 불편하나 등산로 자체는 아주 완만하여 무난하게 오를 수 있다. 거림이란 이름은 지난날 거림(巨林)으로 가득 찼던 골짜기에서 붙여졌다고 한다.

등반로 8킬로미터는 숲과 계곡의 이중주처럼 누구에게나 편안한 느낌을 준다. 이 코스 가운데 1,050미터 갈림길―세석 입구 구간만 약간 가파르다. 소요 시간은 등정 3시간 30분, 하산 2시간 30분 정도이다. 식수는 크고 작은 계류를 자주 만나므로 따로 준비할 필요가 없다.

대성골 코스

화개천 상류 마을인 의신이나 대성교에서 대성 계곡을 거쳐 세석 고원으로 오르는 코스이다. 세석 고원까지 12킬로미터로 만만치가 않으며, 큰세개골―1,400미터 갈림길의 구간은 가파른 너덜로 땀을 흘리게 만든다. 그러나 대성 계곡의 원시 수해와 대성리의 외딴 가게집 주변 정경이 아주 인상적이어서 피로를 씻어 준다. 의신 마을에서 출발하든, 대성교에서 출발하든, 능인사터(장군샘)―대성리―작은세개골―큰세개골―1,400미터 갈림길―음양수샘―세석 입구―세석 산장을 통과한다.

등정은 5시간, 하산은 3시간 30분 가량 소요되며, 식수는 큰세개골에서 준비하면 음양수샘까지 이용할 수 있다.

뱀사골 코스

남원군 산내면 반선리 집단 시설 지구에서 화개재까지 뱀사골 계곡을 따라가는 12킬로미터의 비교적 평탄한 코스이다.

이 계곡은 전설이 주렁주렁 달린 석실(石室)과 소(沼)가 많은 것이 특징인데 그 이름들도 유별나다. 계곡 가운데의 명당들로 석실, 오룡대, 탁용소, 뱀소, 병소, 병풍소, 제승대, 간장소 등이 그것이다. 간장소란 옛날 화개장터에서 소금 가마니를 지고 오던 사람이 발을 헛디뎌 소금을 가마니째 쏟았기 때문이라는데, 이 길은 지난날 장터목처럼 물물 교역의 땀을 흘렸던 자취가 배어 있다. '삼차' '막차'라 불리는 가파른 곳을 지나면 화개재 200미터 못미친 곳에 뱀사골 산장이 서 있다. 등정 4시간, 하산 3시간 가량이 걸린다.

뱀사골 입구의 반선 마을 추수의 즐거움과 함께 농부들의 일손이 흥겹기만 하다.

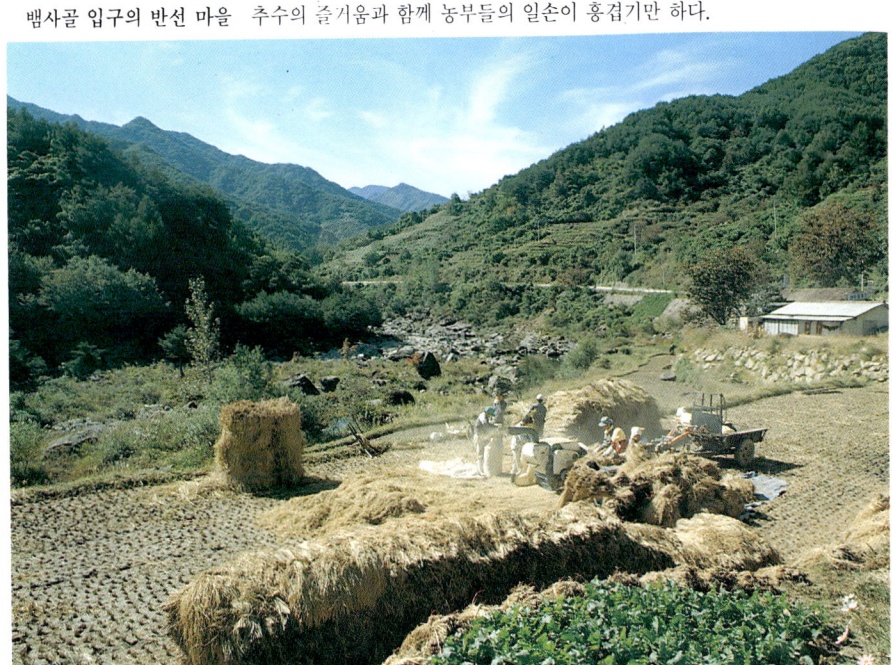

피아골 코스

구례군 토지면 직전리(또는 연곡사)에서 피아골을 따라 삼홍소 등의 선경을 두루 살펴본 뒤 임걸령 또는 노고단(또는 삼도봉)으로 오르는 긴 코스이다.

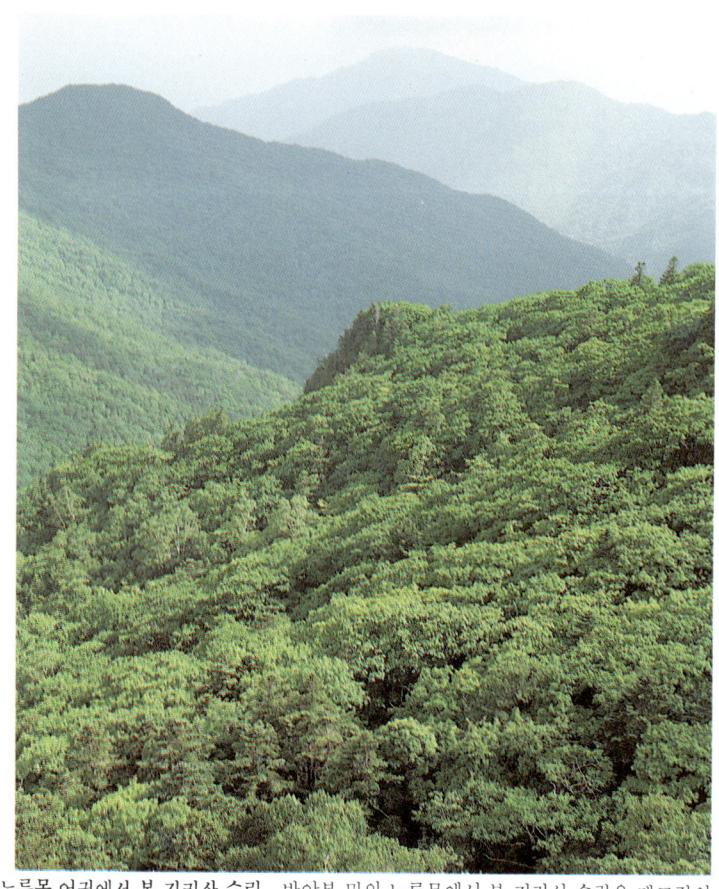

노루목 어귀에서 본 지리산 수림 반야봉 밑의 노루목에서 본 지리산 수림은 태고적의 원시림으로 가장 보존 상태가 좋은 곳이다.

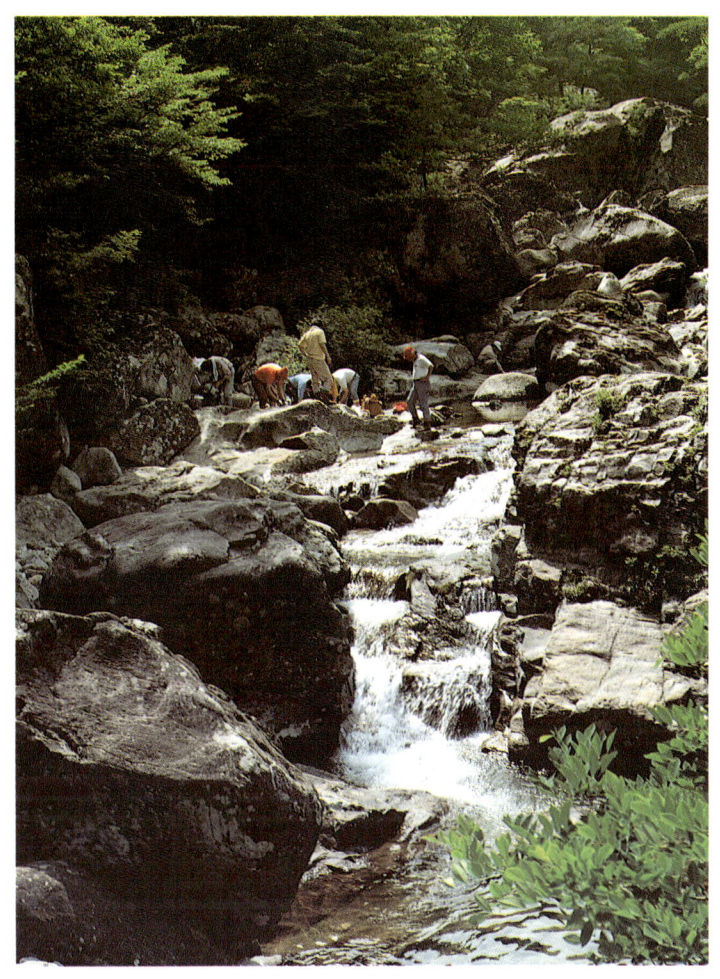

피아골 계곡　해방 이후 빨치산들의 활동 무대로 더 이름난 이 계곡은 그 길이만도
장장 25킬로미터가 넘는다. 봄의 신록 때와 더불어 가을의 단풍도 아름답기 이를
데 없다.

집단 시설 지구 주차장은 연곡사 아래 있지만, 길은 직전 마을까지 2차선으로 포장돼 있다. 직전리에서 산판도로를 따라 2킬로미터 들어가면 선유교를 건넌다. 여기서부터 피아골 산장까지 삼홍소 등의 명당을 보며 평탄한 길을 수월하게 갈 수 있다. 그러나 피아골 산장-질매재-노고단이나, 용수암 삼거리-임걸령은 아주 가파른 구간으로 많은 땀을 흘리게 한다. 노고단 연결 코스는 총거리 11킬로미터로 등정 4시간, 하산 3시간 정도 소요되며, 임걸령 연결 코스는 총거리 10킬로미터에 등정 3시간 30분, 하산 2시간 30분 가량이 걸린다.

최근에는 피아골 산장에서 이 계곡 본류를 따라 용수암을 거쳐 삼도봉, 반야봉으로 오르는 루트가 잘 개척돼 있는데, 피아골의 원시 수림을 끝까지 머리에 이고 가는 매력이 넘치는 코스이다. 용수암 연결 코스 소요 시간도 임걸령 연결 코스와 비슷하다.

화엄사 계곡 코스

화엄사에서 화엄사 계곡을 따라 노고단으로 오르는 10킬로미터의 돌계단길 루트이다.

화엄사 계곡의 맑은 물과 무성한 수림의 매력이 넘치지만, 시종 돌계단길이 연이어 있어 발의 피로가 유별나게 많이 느껴지는 단점도 있다. 특히 중재를 지나 무넹기에 올라서기까지 '코재'라 불리는 비탈길은 그 악명이 높을 정도이다.

지난날에는 화엄사에서 지리산 주능선상의 노고단에 오르려면 이 길을 걸어서 오르는 방법밖에 없었다. 그러나 지난 1988년 5월 달궁-천은사를 잇는 성삼재 종단도로가 개통된 뒤로는 차량으로 성삼재에 닿은 뒤 노고단 3킬로미터를 도로를 따라 걸어 오르는 사람들이 엄청나게 늘어났다. 화엄사-노고단 돌계단 등반로가 빛을 잃기는 했지만, 지리산 종주 산행에선 반드시 이 구간이 포함돼야 한다는 불문율이 있다.

화엄사를 지나 용소–서나무 야영장–참샘–돌거지–국수등–중재–
덜거덕골–집선대–눈썹바위를 거쳐 무넹기에 올라서면 노고단과
연결되는 도로상이다. 등정 4시간, 하산 3시간 가량 소요된다.

종주 산행 코스

주능선인 천왕봉–노고단 45킬로미터를 포함하여 노고단과 천왕
봉 등정 또는 하산 코스를 포함시키는 국내 최대의 장쾌한 종주
산행 루트이다. 한여름철에는 지천으로 피어나는 야생화, 한겨울철
에는 설화가 동화 세계를 열어 주는 낭만적인 코스이다.

통상 2박 3일 이상의 일정으로 산상 야영과 취사를 겸하므로
짐이 무겁고 많은 땀을 흘리지만, 그만큼 배우고 느끼는 것들도
많다. 지리산 주능선은 신기할 정도로 적당한 간격으로 달고 시원한
물이 콸콸 솟아나는 샘터가 있다. 또 노고단, 뱀사골, 연하천, 세석,
장터목 산장(대피소)을 이용할 수 있어 편리하다.

화엄사–노고단으로 먼저 올랐을 때는 계속 주능선을 따라 돼지령
–임걸령–노루목–삼도봉–화개재–토끼봉–총각샘–명선봉–연하천
산장으로 동진한다. 이 산장에서 출발하면 다시 삼각봉–형제봉–벽
소령–상덕평 선비샘–칠선봉–영신봉을 거쳐 세석 고원에 닿게 된
다. 세석에선 다시 촛대봉–연하봉–장터목(산희샘)–제석봉–통천문
을 거쳐 마침내 천왕봉에 닿는다.

지리산 주능 45킬로미터를 반드시 답파(踏破)하는 것을 종주
산행에선 필수 요건으로 하는데, 천왕봉에 닿은 뒤 하산 코스는
중산리나 대원사 또는 백무동 등 어느 루트나 상관이 없다. 또 이
역코스를 이용해도 관계가 없다. 그 밖에도 반야봉 코스, 남부 능선
코스, 왕시루봉 코스, 서북 능선(만복대, 세걸산, 바래봉 코스)등
다양한 등산로가 열려 있으나, 여기에선 생략한다.

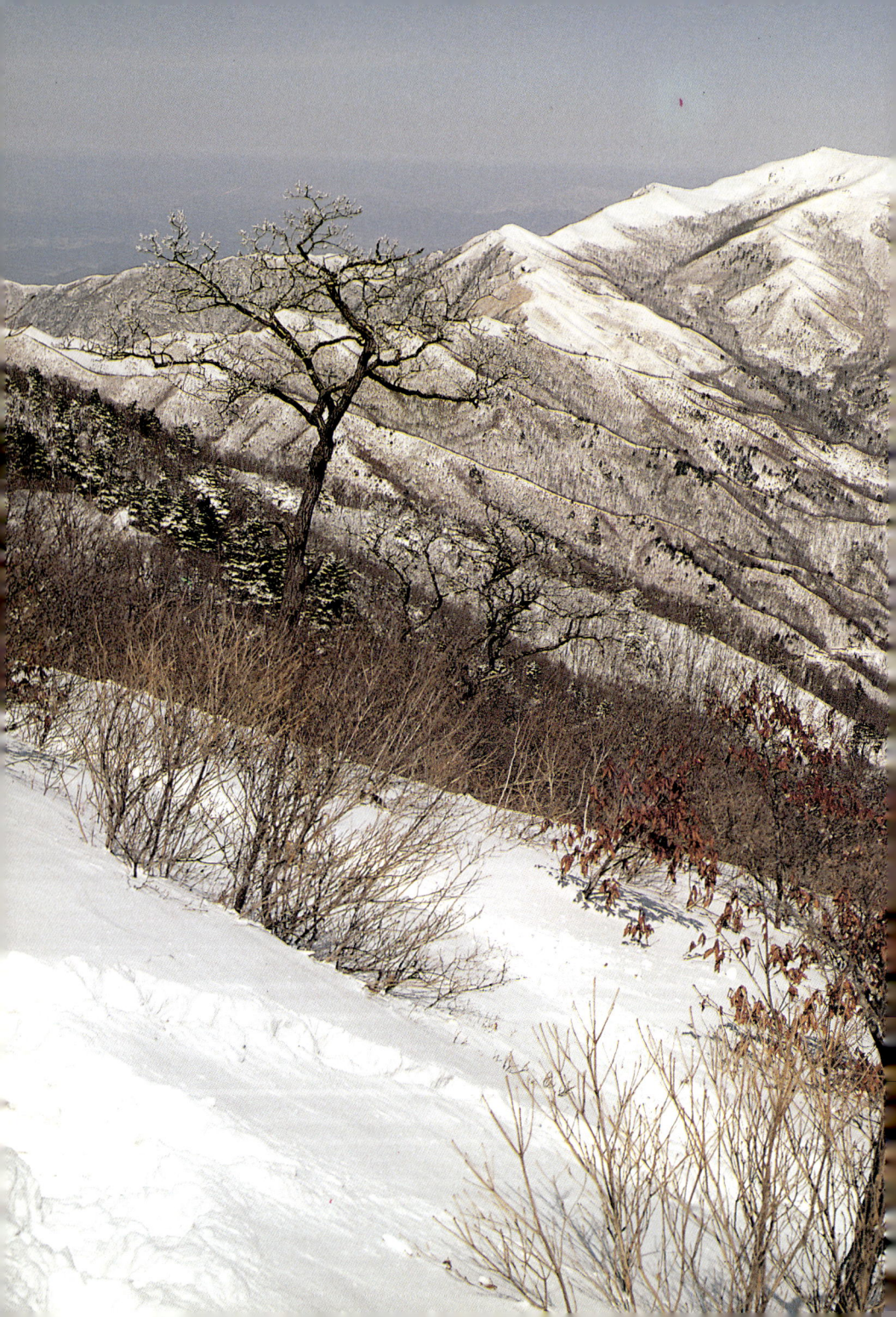

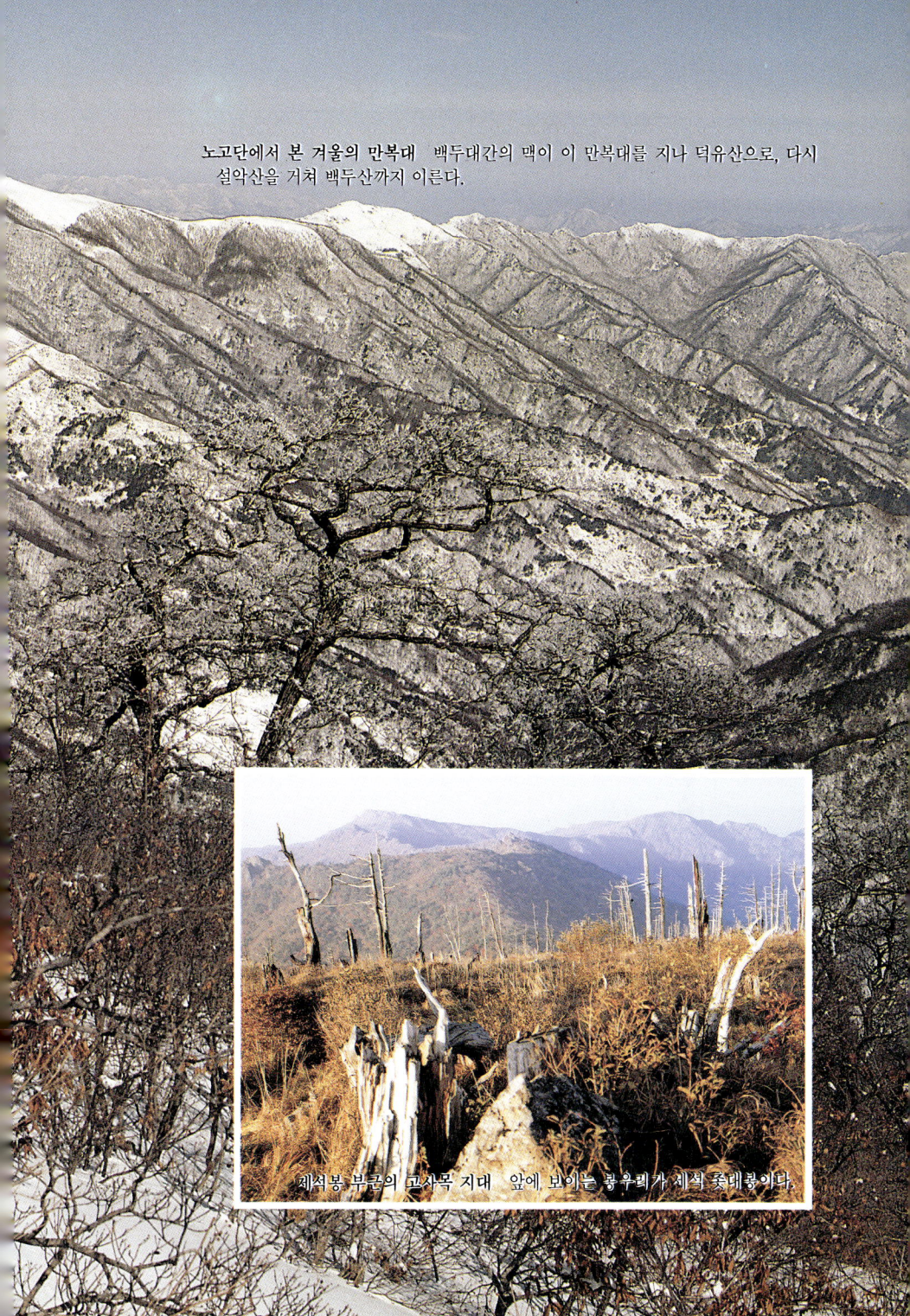

노고단에서 본 겨울의 만복대 백두대간의 맥이 이 만복대를 지나 덕유산으로, 다시 설악산을 거쳐 백두산까지 이른다.

제석봉 부근의 고사목 지대 앞에 보이는 봉우리가 제석 촛대봉이다.

개발과 보존의 역함수

지난 1960년대 이래 평화 시대를 맞아 자유를 구가하고 있는 지리산은 1970년대 이래 기세가 드높아지고 있는 국민적인 레저 붐의 강풍을 타고 새로운 상황에 직면했다. 그것은 지리산을 찾는 사람들의 폭발적인 증가에 따른 대응책으로 이 산에 대한 개발의 손길이 바쁘게 움직이게 된 것에서 드러난다. 지리산은 국립공원이기 때문에 자연 자원의 보존과 보호가 최우선적인 과제이지만, 이 산을 탐승하고자 하는 많은 사람들을 효율적으로 수용하는 문제도 동시에 해결할 필요가 제기된 것이다.

지리산 개발의 첫째 특징은 도로의 대대적인 확장이다. 지리산과 연결되는 주변 도로는 물론, 이 산 구석구석의 모든 도로를 확장하고 포장하는 일을 계속하고 있다.

지리산 도로 확장 포장 공사에서 가장 두드러지게 눈에 띄는 것은 성삼재 및 정령치 종단도로이다. 성삼재 종단도로는 지난 1985년 5월 25일 IBRD차관 등 67억 원의 예산으로 착공, 1987년 5월 14일 완공했다. 1960년대 군사 작전 목적으로 비포장으로 뚫었던 이 도로가 1980년대 들어 관광도로로 탈바꿈했다. 또 성삼재에는 3,000평의 대규모 주차장이 마련되었다. 이에 따라 걸어서만 올랐던 노고단 일대가 차량으로 오른 관광객의 홍수 사태를 빚고 있다. 달궁―남원을 연결하며 서북 능선의 중간 지점인 정령치를 종단하는 도로도 잇달아 건설되고, 정령치에도 대규모 주차장이 만들어졌다. 서북 능선에도 관광 행락객의 발길이 요란해진 것은 물론, 차량 행렬에 따른 공해로 새로운 문제들을 야기하고 있다.

지리산 도로 개설은 여기에서 그치지 않고 벽소령을 종단하는 도로도 계속 추진중에 있다. 지난 1969년부터 1972년까지 역시 군사 작전용으로 뚫렸던 이 도로는 현재 폐도로 차량 통행이 불가능

하다. 하동군 화개면 신흥 부락에서 함양군 마천면 실덕 부락까지 36.6킬로미터를 2차선으로 확장 포장하는 이 공사에는 약 230억 원의 예산이 소요된다고 한다. 이 도로 공사는 화개면과 마천면 양쪽에서 살금살금 진척이 되고 있다. 그러나 지리산 주능선의 척추에 해당하는 벽소령을 관광도로로 연결하는 것은 용납될 수 없다는 각계의 반발이 높아 이 도로 확포장 공사가 앞으로 얼마만큼 더 강행이 될는지는 미지수이다.

이 밖에도 지리산에는 영원사, 경남 자연 학습원, 밤머리재, 고운 동 계곡 등 곳곳에서 도로를 새로 내거나 확장하는 작업이 계속되고 있다.

지리산의 도로 개설은 이미 완공된 성삼재, 정령치 종단도로가 심각한 문제들을 야기하고 있는 것에서도 예사로운 일이 아님을 입증하고 있다. 관계 학자들의 조사에 따르면 도로 주변의 자연 생태계가 균형을 잃고, 동식물의 서식 상태에도 큰 변화를 미치고 있는 것으로 드러났다. 또 차량과 사람들을 무차별 산 위로 끌어 올림으로써 여기에 따른 자연 훼손이나 오염 상태가 심각하다.

지리산 개발은 도로의 확장 포장에만 그치지 않고, 국내 최대 규모의 양수 발전소 건립 공사가 1993년 9월에 착공되며, 중산리─문창대(로터리 산장)의 케이블카 건설 추진, 주요 진입로의 대규모 관광 위락 집단 시설 지구 조성, 휴양 단지와 연수원 건립, 대규모 야영장 조성 등 다방면에 걸쳐 부산하게 펼쳐지고 있다.

이러한 개발 시책은 지리산을 찾아, 먹고 놀고 잠자려는 사람들의 편의에 호응한 것이다. 그러나 이러한 편의성에 뒤따르는 부작용은 이미 상상을 초월한 실체로 나타나고 있다. 생태계 파괴는 물론, 지리산에서 발생하는 쓰레기 문제 한 가지의 해결에도 당국은 두 손을 들고 만 것이다.

지리산 개발에는 일반인들의 상상을 초월하는 많은 돈을 들이고

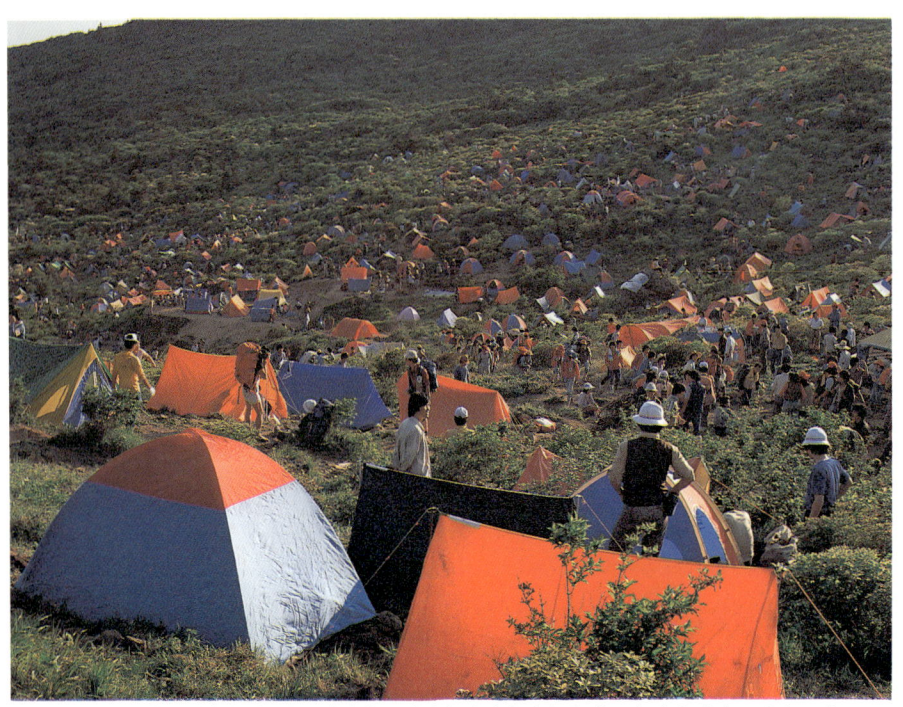

세석 평전의 캠프촌 야영장 조성뿐만 아니라 탐승객 위주의 편의 시설 등에만 투자를 하지 말고 우리의 문화 유적에 대한 보존 노력에도 힘을 기울여야 할 때다.

있다. 세석 고원이나 장터목의 야영장 하나를 개설하는 데도 수억 원의 돈을 쓰고 있고, 천왕봉 주변의 쇠사다리와 쇠줄, 써리봉의 쇠붙이 남발 등에도 수천만 원의 예산을 쓰고 있다. 그러나 정작 안타까운 노릇은 이러한 지리산 탐승객 편의 위주의 개발에만 치중할 뿐, 이 산이 안고 있는 문화 유적이나 정신적인 자산에 대한 발굴 보존 노력은 거의 찾아볼 수 없다는 사실이다. 지리산의 문화재는 사찰이 경내에 보존하고 있는 것말고는 모두 망실되어 전무한 상태

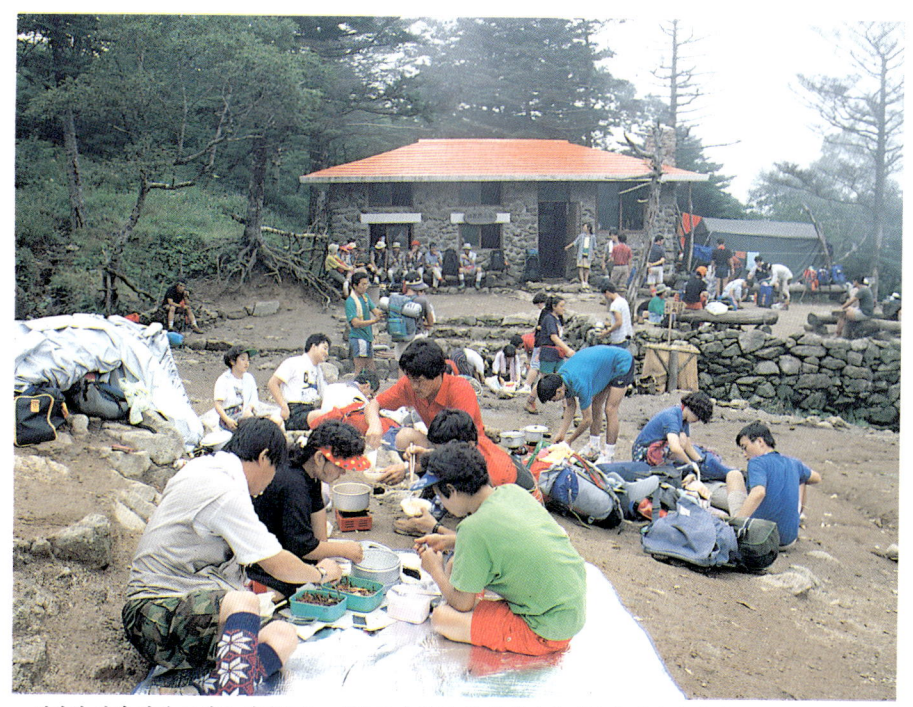

연하천 산장 앞에 모여든 산악인들 개발의 손길이 산 위에까지 미치자 생태계 파괴는 물론 쓰레기 처리 등 또 다른 심각한 문제를 낳고 있다.

이다.

  남명 조식의 유적지나 매천 사당 등은 문중이나 마을 유지들의 노력으로 보존되고 있을 뿐, 행정 당국의 정책적인 뒷받침은 없는 실정이다. 또 서산 대사가 입산 20여 년 동안 많은 저술 활동까지 했던 화개동천에는 그의 유물관 하나 세워 놓지 않고 있다. 또 지리산 생태계의 학술적인 연구 조사나 보존 대책 등에도 관계 당국의 책임있는 예산 뒷받침이 거의 없다시피 하다.

지리산의 자연 자원 보존을 위해 국립공원 관리공단은 고작 춘추 계경방기간 입산 통제, 일부 등산로의 휴식년제 적용, 지정 취사 지역 설치 등의 지극히 형식적인 시책만 펴고 있다. 자연 환경을 파괴하는 개발 쪽에만 비중이 실리고 있는 반면, 자연 자원의 보존 대책이 소홀할 때 지리산의 운명은 또 한차례 비극을 맞게 될 것이다. 지리산에 애정을 갖고 있는 많은 사람들은 이 산의 일방적인 개발과 자연 생태계 보존의 역함수 기능을 가장 안타깝게 지적하고 있다.

자연은 자연 그대로

지리산은 우리나라 국립공원 제1호로서 그 자체가 국내 최대의 자연 자원임을 증명하는 것이다. 오늘날 자연 자원만큼 더 중요한 것이 없다는 것은 누구나 공감하고 있는 일이다. 그렇다면 지리산의 천연 자원 세계를 원래의 상태 그대로 보존하는 일이 국가적인 명제가 아닐 수 없다.

자연 보존의 특별한 묘수란 없다. 최상의 자연 보존책은 자연 상태 그대로 내버려 두는 것이다. 여기에는 개발이란 이름으로 벌이는 어떠한 공사도 용납되지가 않는다. 자연 세계는 있는 그대로를 지켜 주는 것이 최선의 길임은 누구나 잘 인식하고 있다. 그렇다면 지리산에서 벌어지고 있는 도로 개설을 비롯한 갖가지 개발은 무엇 때문에 강행되고 있는가. 개발 주체는 경제성, 주민 소득, 탐승객 편의 등의 명분을 내세운다. 실제 도로를 포함하여 여러 가지 개발 사업 자체는 지리산 주민이나 탐승객에게 경제성, 편의성을 제고시켜 줄 것은 분명하다. 그러나 그 경제성과 편의성에 뒤따르는 자연 파괴와 갖가지 연쇄 부작용에 대한 대비책은 거의 보이지 않는다.

그것이 오늘의 지리산이 안고 있는 심각한 문제점으로 제기되고 있다.

우리는 지리산을 국립공원으로 지정해 놓고, 자연 보존을 위해서 이 산에 손도 대지 말라는 식의 주장만을 할 수는 물론 없다. 국립공원으로 연결되는 도로의 확장 포장 사업이 필요한 곳에는 마땅히 공사를 해야 한다. 또 이 산자락 곳곳에 집단 시설 지구를 마련하는 것을 일방적으로 잘못이라고 매도할 수도 없다. 야영장이나 수련장의 시설도 갖추어 청소년이나 시민 대중에게 그 혜택을 입게 하는 것도 좋은 일이다. 또한 가능할 수만 있다면 지리산을 국내 제일의 자연 학습장으로 조성하여 국민에게 개방하는 것도 중요한 일로 생각된다. 그러나 이러한 자연 자원과 관련된 개발은 자연 상태의 훼손이 없이, 자연 생태계의 보호 측면에서 신중하고 합리적으로 추진되어야 마땅한 노릇이다. 지리산 개발에 나서고 있는 관계 당국이 개발과 자연 보존의 역기능에 얼마나 신중하게 대처했는지는 따져 볼 필요도 없다.

성삼재 종단도로 개설 한 가지 사실에서도 그냥 불도저식으로 밀어붙이기 일방이었다는 것을 쉽게 알 수 있다. 이 성삼재 종단 관광도로 개설 타당성이 과연 신중하게 검토되었는가, 또 도로 개설에 따른 지리산 자연 생태계 변화에 대한 사전 예측과 그 대비책이 완벽하게 세워졌는가, 또 이 도로 개설에 따른 노고단 일원의 부차적인 황폐화 현상 등에 대한 예측은 있었는가…… 등등의 의문이 앞설 수밖에 없다. 이 도로의 개설 과정에서도 집채 같은 바위 덩어리를 달궁과 심원 계곡으로 무차별 굴러내린 것은 현재에도 눈으로 생생하게 지켜 볼 수 있다.

성삼재 종단도로 개설과 같은 식으로 지리산을 일방적으로 개발하면 이 산은 회복하기 어려운 큰 상처만 깊게 하고 넓게 할 뿐이다. 현재 추진중이거나 검토중인 벽소령 종단도로, 지리산 양수 발전

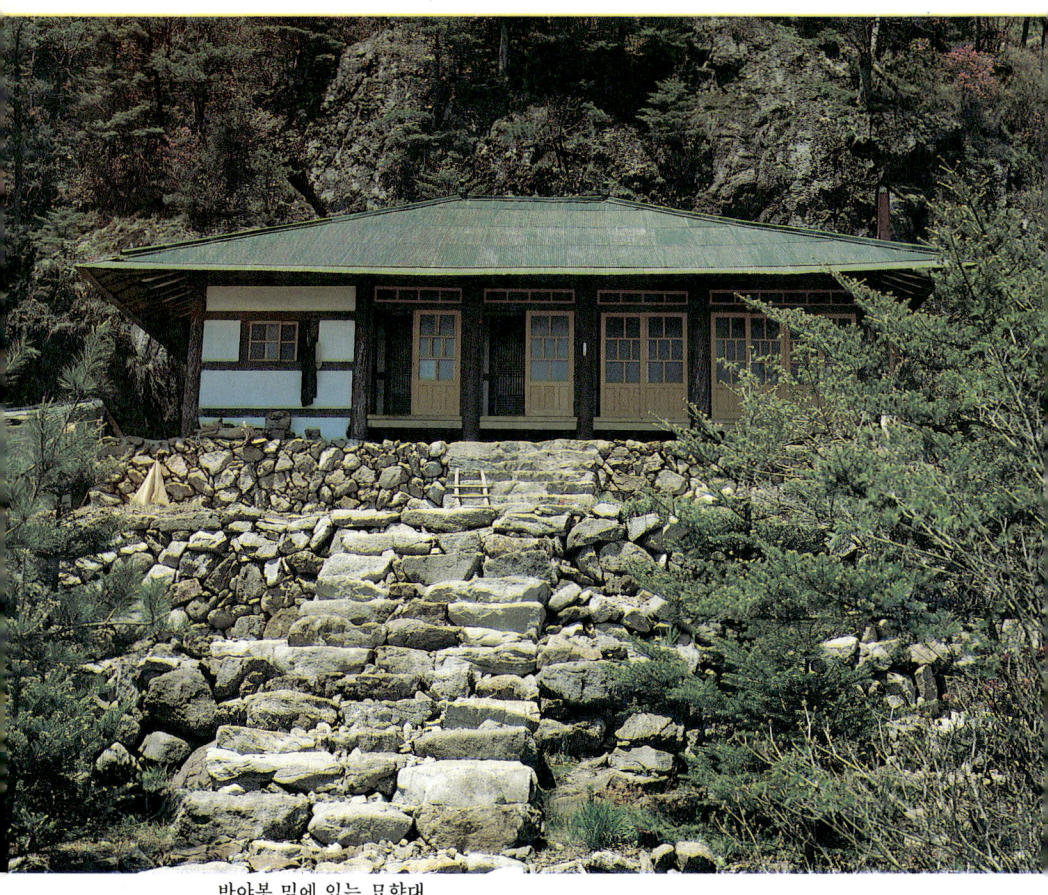

반야봉 밑에 있는 묘향대

소 건립, 중산리—문창대 케이블카 설치 등의 큰 개발 사업들이 그러한 걱정을 현실적으로 느끼게 해주고 있다.

지리산 자연 생태계의 파괴는 단지 산의 상처나 휴양지가 망가지는 것이 아니라 우리 국민의 삶의 터전, 생명의 원천이 붕괴된다는 인식부터 갖는 것이 필요하다. 지리산을 자연 상태 그대로 지키는 것은 관계 행정 당국만의 소관 업무가 아니라 국민 모두의 의무 사항이다. 지리산에 대한 우리 국민의 관리 감독 차원의 시선이 요청되고 있는 것이 오늘의 현실이다.

지리산은 건강하고 아름답고 영원해야 한다. 그것이 곧 우리들 모두의 건강하고 아름다운 삶의 거울이기 때문이다.

지리산 둥산 코스 안내

① 지리산 능선 종주 코스 노고단—천왕봉 45km, 2박 3일 이상.

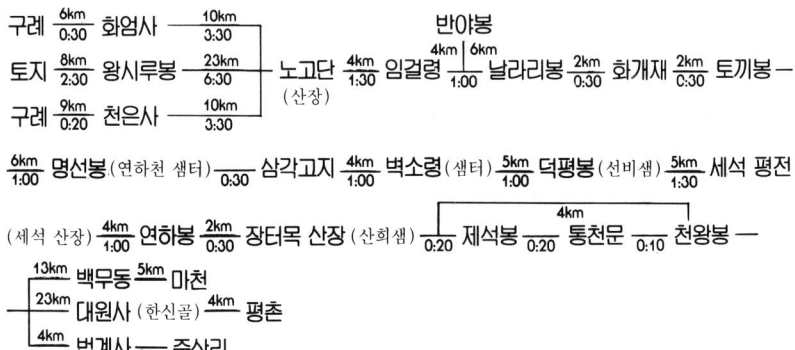

구례 $\frac{6km}{0:30}$ 화엄사 $\frac{10km}{3:30}$

토지 $\frac{8km}{2:30}$ 왕시루봉 $\frac{23km}{6:30}$ ┐ 노고단 $\frac{4km}{1:30}$ 임걸령 $\frac{6km}{1:00}$ 날라리봉 $\frac{2km}{0:30}$ 화개재 $\frac{2km}{0:30}$ 토끼봉 —

구례 $\frac{9km}{0:20}$ 천은사 $\frac{10km}{3:30}$ ┘ (산장) 반야봉

$\frac{6km}{1:00}$ 명선봉 (연하천 샘터) — 삼각고지 $\frac{4km}{0:30}$ 벽소령 (샘터) $\frac{5km}{1:00}$ 덕평봉 (선비샘) $\frac{5km}{1:30}$ 세석 평전

(세석 산장) $\frac{4km}{1:00}$ 연하봉 $\frac{2km}{0:30}$ 장터목 산장 (산희샘) $\frac{}{0:20}$ 제석봉 $\frac{4km}{0:20}$ 통천문 $\frac{}{0:10}$ 천왕봉 —

$\frac{13km}{}$ 백무동 $\frac{5km}{}$ 마천

$\frac{23km}{}$ 대원사 (한신골) $\frac{4km}{}$ 평촌

$\frac{4km}{}$ 법계사 $\frac{}{8km}$ 중산리

② 피아골 코스

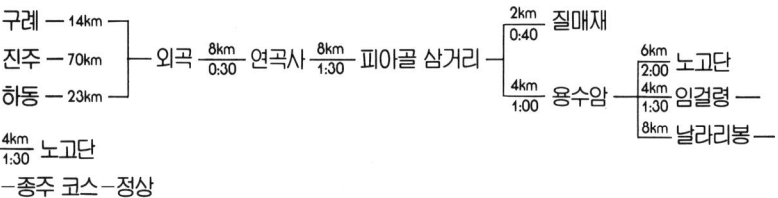

구례 — 14km ┐

진주 — 70km ┤ 외곡 $\frac{8km}{0:30}$ 연곡사 $\frac{8km}{1:30}$ 피아골 삼거리

하동 — 23km ┘

$\frac{2km}{0:40}$ 질매재

$\frac{4km}{1:00}$ 용수암 $\frac{6km}{2:00}$ 노고단

$\frac{4km}{1:30}$ 임걸령 —

$\frac{8km}{}$ 날라리봉 —

$\frac{4km}{1:30}$ 노고단

—종주 코스—정상

③ 쌍계사 코스

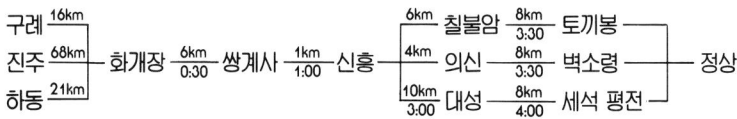

구례 $\frac{16km}{}$ ┐

진주 $\frac{68km}{}$ ┤ 화개장 $\frac{6km}{0:30}$ 쌍계사 $\frac{1km}{1:00}$ 신흥

하동 $\frac{21km}{}$ ┘

$\frac{6km}{}$ 칠불암 $\frac{8km}{3:30}$ 토끼봉 —

$\frac{4km}{}$ 의신 $\frac{8km}{3:30}$ 벽소령 — 정상

$\frac{10km}{3:00}$ 대성 $\frac{8km}{4:00}$ 세석 평전 —

④ 중산리 코스

진주 $\frac{51km}{3:00}$ 중산리 $\frac{4km}{1:00}$ 칼바위

$\frac{}{1:00}$ 폭포 $\frac{2km}{}$ 장터목 산장 $\frac{4km}{1:00}$ 천왕봉

$\frac{}{0:45}$ 망바위 $\frac{2km}{0:50}$ 법계사 $\frac{3km}{1:30}$

⑤ 대원사 코스

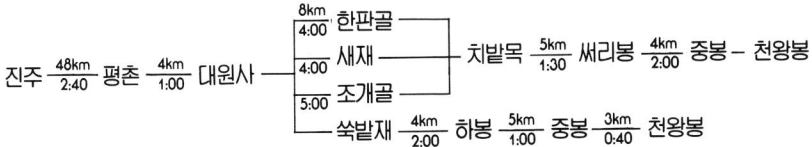

⑥ 백무동 코스

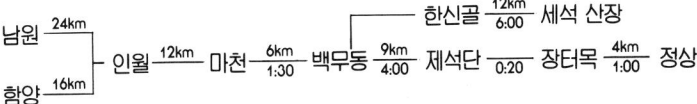

⑦ 칠선 계곡 코스

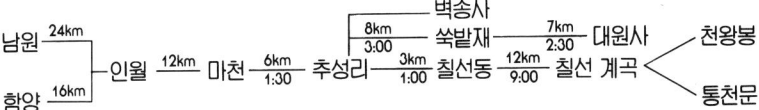

⑧ 만복대 코스

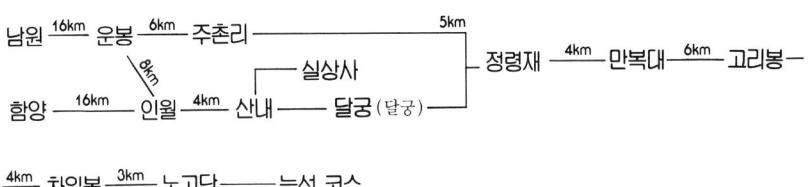

⑨ 뱀사골 코스

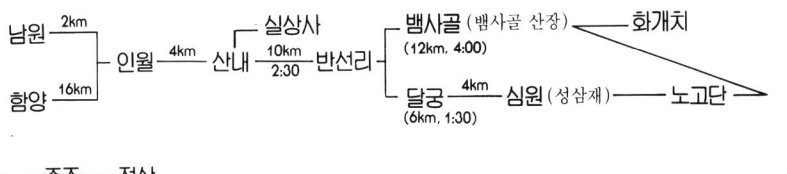

── 종주 ── 정상

주의:코스 시간은 쾌청한 날씨에 4인 1조의 평균 시간이므로 각자의 체력을 감안하여야 하며 휴식
    시간도 고려하여야 한다.

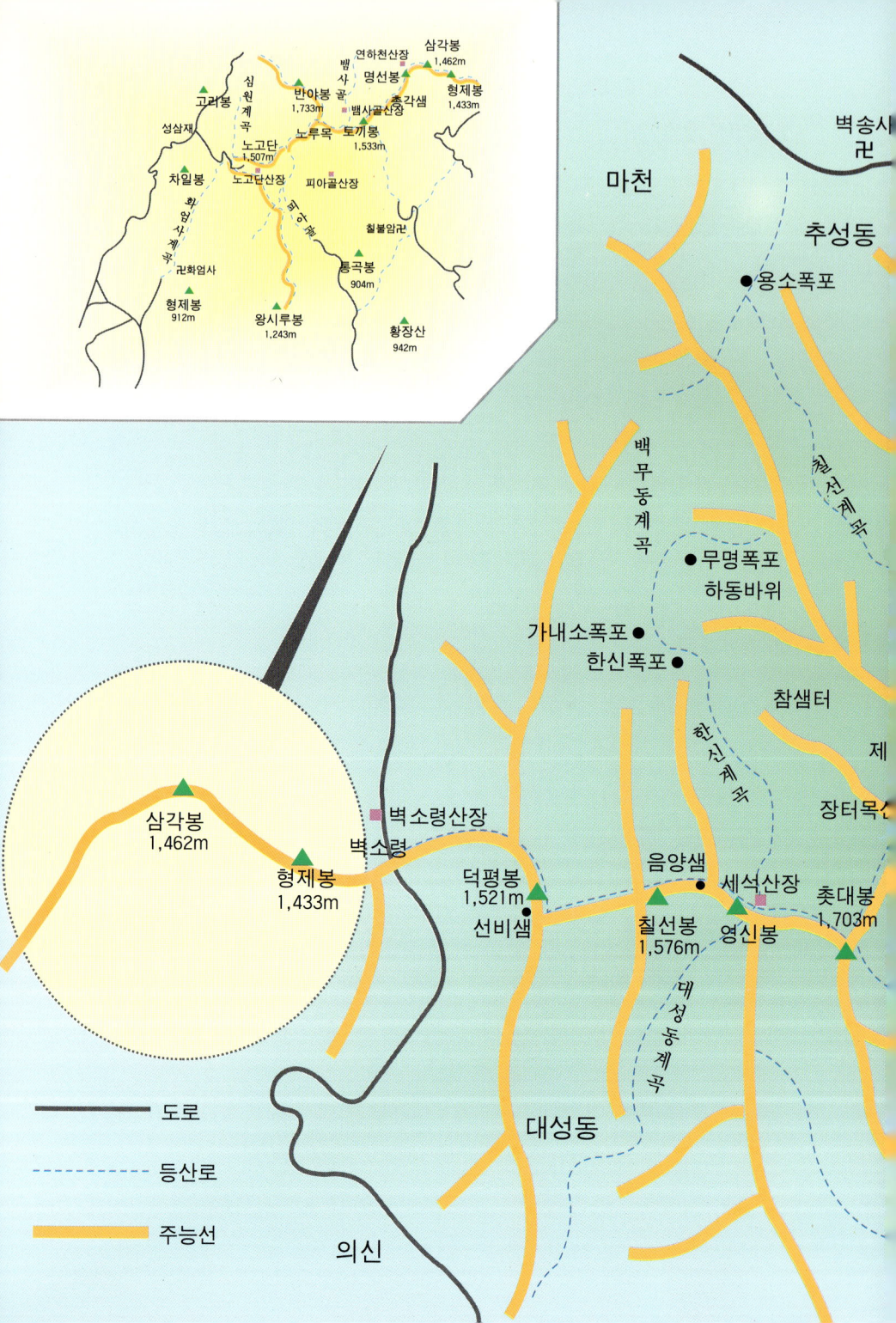

삼각봉
1,462m

연하천산장
뱀사
골
명선봉
반야봉
1,733m
총각샘
형제봉
1,433m
고려봉
심
원
계
곡
뱀사골산장
노루목
토끼봉
1,533m
성삼재
노고단
1,507m
차일봉
피아골산장
노고단산장
화
엄
사
계
곡
피
아
골
칠불암군
권화엄사
통곡봉
904m
형제봉
912m
왕시루봉
1,243m
황장산
942m

벽송사
권

마천

추성동

용소폭포

백
무
동
계
곡

무명폭포
하동바위

가내소폭포

한신폭포

참샘터

제

한
신
계
곡

장터목신

삼각봉
1,462m

형제봉
1,433m

벽소령

벽소령산장

벽소령

덕평봉
1,521m

선비샘

음양샘

세석산장

촛대봉
1,703m

칠선봉
1,576m

영신봉

대
성
동
계
곡

대성동

도로

등산로

주능선

의신

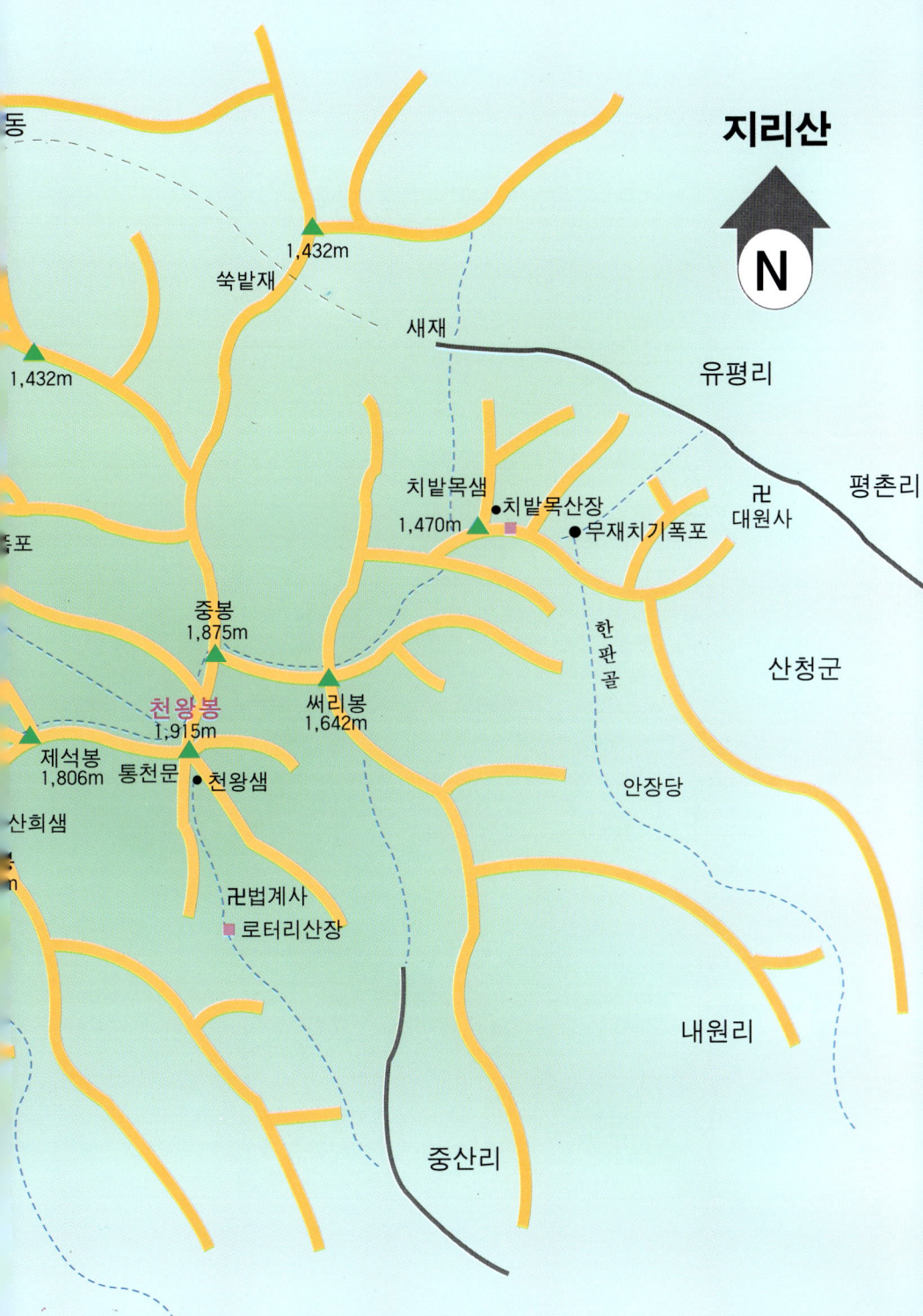

지리산

N

동

1,432m
쑥밭재

새재

유평리

1,432m

평촌리

치밭목샘
1,470m
●치밭목산장
●무재치기폭포

권
대원사

동포

중봉
1,875m

천왕봉
1,915m

써리봉
1,642m

한
판
골

산청군

제석봉
1,806m
통천문
●천왕샘

안장당

산희샘

m

권법계사
■로터리산장

내원리

중산리

빛깔있는 책들 301-14

지리산

글	―최화수
사진	―김근원
발행인	―장세우
발행처	―주식회사 대원사
주간	―박찬중
편집	―김한주, 신현희, 조은정, 황인원
미술	―윤봉희
전산사식	―육양희, 이규헌

첫판 1쇄 ―1993년 4월 30일 발행
첫판 7쇄 ―2003년 7월 30일 발행

주식회사 대원사
우편번호/140-901
서울 용산구 후암동 358-17
전화번호/(02) 757-6717~9
팩시밀리/(02) 775-8043
등록번호/제 3-191호
http://www.daewonsa.co.kr

ⓦ 값 13,000원

Daewonsa Publishing Co., Ltd.
Printed in Korea(1993)

ISBN 89-369-0142-7 00980

빛깔있는 책들